陈根 —— 著

Chat GPT

读懂人工智能新纪元

电子工业出版社·

Publishing House of Electronics Industry

北京 · BEIJING

内 容 简 介

ChatGPT 爆火，标志着人工智能从量变到质变的飞跃，一场新的人工智能革命已经到来。本书共 6 章，介绍了 ChatGPT 的诞生和发展，以及 ChatGPT 背后的技术路线；分析了 ChatGPT 及大模型训练对全球商业格局的冲击与影响，涉及 OpenAI、微软、谷歌、百度、腾讯、阿里巴巴等广受关注的互联网科技公司；选取了具有代表性的行业，解读 ChatGPT 狂潮引发的产业颠覆与模式创新。同时，本书对未来的强人工智能与人类社会的关系进行了深度研讨。

图书在版编目（CIP）数据

ChatGPT：读懂人工智能新纪元 / 陈根著. —北京：电子工业出版社，2023.3
ISBN 978-7-121-45194-2

Ⅰ．①C… Ⅱ．①陈… Ⅲ．①人工智能－应用－自然语言处理－软件工具
Ⅳ．①TP391②TP18

中国国家版本馆 CIP 数据核字（2023）第 039507 号

责任编辑：秦　聪
印　　刷：北京天宇星印刷厂
装　　订：北京天宇星印刷厂
出版发行：电子工业出版社
　　　　　北京市海淀区万寿路 173 信箱　　邮编：100036
开　　本：720×1 000　1/16　印张：13.75　字数：220 千字
版　　次：2023 年 3 月第 1 版
印　　次：2023 年 7 月第 4 次印刷
定　　价：69.80 元

| 前　言 |

从 2022 年末到 2023 年初，ChatGPT 火遍了全球互联网。

2022 年 11 月 30 日，OpenAI 发布 AI 对话模型 ChatGPT。由于 ChatGPT 的能力过于惊人，上线仅 5 天就吸引了 100 万名用户。推出两个月后，ChatGPT 的月活（月活跃用户数量）就已经达到 1 亿，成为历史上用户数量增长最快的消费级应用。要知道，海外版抖音——TikTok 在全球发布后，经过大约 9 个月的时间才达到月活 1 亿，Instagram 达到这一量级则用了两年半的时间。

ChatGPT 之所以能够实现用户数量的爆发式增长，归根结底是 ChatGPT 超凡出众的产品能力——成熟乃至惊人的理解和创作能力：除写代码、写剧本、词曲创作外，ChatGPT 还可以与人类对答如流，并且充分体现出辩证分析能力。ChatGPT 甚至能质疑不正确的前提和假设、主动承认错误及能力有限、主动拒绝不合理的问题，这是前所未有的。

更重要的是，ChatGPT 的成功，证明了大模型技术路线的正确性。这意味着，人工智能（Artificial Intelligence，AI）终于从之前的大数据统计分类阶段，走向类人逻辑沟通阶段，并且在强大的学习能力之下，人工智能的进化速度将超出我们的预料。基于大模型技术路线，ChatGPT 就像一个通用的任务助理，能够与不同行业结合，衍生出很多应用场景。可以说，ChatGPT 为通用 AI 打开了一扇大门，真正让人工智能落了地。

ChatGPT "一夜蹿红"，迅速在全球范围内掀起一股冲击波，引爆了中国、美国的人工智能产业，人工智能公司全面入局，并引发资本市场震荡。中国互联网科技公司纷纷踏上了寻找"中国版 ChatGPT"之路，如百度的类 ChatGPT 应用、自然语言处理大模型项目"文心一言"，阿里巴巴处于内测阶段的阿里版聊天机器人等。

除在科技行业与商业领域引起震动外，ChatGPT 也在冲击着人类社会，"ChatGPT 能否取代人类""ChatGPT 伦理问题"等话题随之而热。其实，任何一项新技术，尤其是革命性技术的出现，都会引发争论。客观来看，人工智能时代来临是必然的趋势，只是 ChatGPT 让我们设想中的人工智能时代离我们更近了。

ChatGPT 的出现标志着人工智能从量变到质变的飞跃，一场新的人工智能革命到来——本书正是基于此，介绍了 ChatGPT 的诞生和发展，以及 ChatGPT 背后的技术路线；分析了 ChatGPT 及大模型训练对全球商业格局的冲击与影响，涉及 OpenAI、微软、谷歌、百度、腾讯、阿里巴巴等广受关注的互联网科技公司；选取了具有代表性的行业，解读 ChatGPT 狂潮引发的产业颠覆与模式创新；对未来的强人工智能与人类社会的关系进行了深度研讨。本书力求用通俗易懂、富于趣味的语言进行表述，内容深入浅出、循序渐进，以帮助读者全方位了解 ChatGPT，并在纷繁的信息中梳理人工智能的演变线索与发展思路。

作为科技创新时代的标签，人工智能所引领的科技变革更是在雕刻着这个时代，我们需要有所准备。

| 目　录 |

第 1 章

ChatGPT，
爆了

1.1 横空出世的 ChatGPT

从 2022 年末到 2023 年初，由 OpenAI 公司打造的 ChatGPT 火遍了全球互联网，一跃成为人工智能（以下或称 AI）领域的现象级应用。

由于 ChatGPT 的能力过于惊人，发布仅仅 5 天，注册用户数量就超过了 100 万，当年的脸书用了 10 个月才达到这个"里程碑"。根据瑞银的报告，2023 年 1 月末，ChatGPT 推出仅两个月，月活就已经突破了 1 亿，成为史上用户量增长速度最快的消费级应用程序。

那么，这个横空出世的 ChatGPT 究竟是什么？怎么突然就火了呢？

1.1.1 六边形 AI 战士

ChatGPT 是由 OpenAI 公司发布的最新一代的 AI 语言模型，是自然语言处理（Natural Language Processing，NLP）中一项引人瞩目的成果。这款 AI 语言模型，与过去那些智能语音助手的问答模式有很大的不同——ChatGPT 呈现了出人意料的"聪明"。与当前市面上的一些人工智能客服相比较，ChatGPT 跨越"人工娱乐"，真正触及了人工智能，具有了我们期待的模样。很多人形容它是一个真正的"六边形 AI 战士"——不仅能聊天、搜索、翻译，撰写诗词、论文和代码也不在话下，还能开发小游戏、作答美国高考题，甚至能做科研、当医生等。国外媒体评论称，ChatGPT 会成为科技行业的下一个颠覆者。

GPT 的英文全称为 Generative Pre-trained Transformer（生成式预训练转换器），是一种基于互联网可用数据训练的文本生成深度学习模型。ChatGPT"脱胎"于 OpenAI 在 2020 年发布的 GPT-3，任何外行都可以使用 GPT-3，在几分钟内提供示例，并获得所需的文本输出。

GPT-3 刚问世时也引起了轰动。它展示出了包括答题、翻译、写作，甚至是数学计算和编写代码等多种能力。由 GPT-3 所写的文章几乎达到了以假乱真的程度。在 OpenAI 的测试中，人类评估人员也很难将 GPT-3 生成的新闻与人类所写的新闻区分开。

GPT-3 被认为是当时最强大的语言模型，但现在，ChatGPT 模型似乎更强大。ChatGPT 能进行天马行空的长对话，可以回答问题，还能根据人们的要求撰写各种书面材料，如商业计划书、广告宣传材料、诗歌、笑话、计算机代码和电影剧本等。简单来说，ChatGPT 具备了类人的逻辑、思考与沟通的能力，并且它的沟通能力在一些领域表现得相当惊人，能与人进行堪比专家级的对话。

ChatGPT 还能进行文学创作。比如，给 ChatGPT 一个话题，它就可以写出小说框架。当用户让 ChatGPT 以"AI 改变世界"为主题写一个小说框架时，ChatGPT 清晰地给出了故事背景、主人公、故事情节和结局。如果一次没有写完，ChatGPT 还能在"提醒"之下，继续写作，补充完整。ChatGPT 已经具备了一定的记忆能力，能够进行连续对话。有用户在体验 ChatGPT 之后评价称，ChatGPT 的语言组织能力、文本水平、逻辑能力，可以说已经令人感到惊艳了。甚至已经有用户打算把日报、周报、总结这些文字工作，都交给 ChatGPT 来辅助完成。

普通的文本创作只是最基本的。ChatGPT 还能给程序员编写的代码找 Bug。一些程序员在试用后表示，ChatGPT 针对他们的技术问题提供了非常详细的解决方案，比一些搜索软件的回答还要靠谱。美国代码托管平台 Replit 首席执行官（以下或称 CEO）Amjad Masad 在推特发文称，ChatGPT 是一个优秀的"调试伙伴"，"它不仅解释了错误，而且能够修复错误，并解释修复方法"。

在商业逻辑方面，ChatGPT 不仅非常了解自己的优劣势，可以为自己进行竞品分析、撰写营销报告，就连世界经济形势也"了如指掌"，能答出自己的见解。

ChatGPT 还敢于质疑不正确的前提和假设，主动承认错误以及一些无法回答的问题，主动拒绝不合理的问题，提升了对用户意图的理解，提高了答题的准确性。

1.1.2　ChatGPT 并不完美

虽然 ChatGPT 模型与 GPT-3 模型相比，性能提高了一个层次，但 ChatGPT 依然有不完美的地方。

实际上，ChatGPT 和 GPT-3 类似人类的输出和惊人的通用性只是优秀技术的结果，而不是真正的"聪明"。不管是过去的 GPT-3 还是现在的 ChatGPT，都会犯一些可笑的错误，尤其是文化常识问题、数学计算题等。而且，ChatGPT 的回答往往是大段的，过于冗长，看似逻辑自洽，但有时却是一本正经地"忽悠"。这也是此类模型难以避免的弊端，因为它在本质上只是通过概率最大化不断生成数据而已，而不是通过逻辑推理来生成回复。

虽然这种创编在有些领域可能非常有用，很多游戏开发者、科幻小说家、美术工作者就经常用 AI 来启发自己的思路，但这对于需要准确回答具体问题的应用场景来说却是硬伤。如果非专业人士无法分辨 ChatGPT 的答案的准确性，极有可能会被严重误导。可以想象，一台内容创作成本接近于零，正确率约 80%，对非专业人士的迷惑程度接近 100% 的巨型机器，用人类写作者百万倍的产出速度接管所有的百科全书编撰工作，回答所有的知乎问题，这对人们认知的危害将是巨大的。

为此，ChatGPT 也遭到了一些机构的封禁。比如，Stack Overflow（一个与程序相关的 IT 技术问答网站）暂时封禁 ChatGPT 的原因很简单，因为它生成的答案正确率太低，发布由 ChatGPT 创建的答案对网站和查询正确答案的用户来说是有害的。顶级人工智能会议也开始禁止使用 ChatGPT 和 AI 工具撰写学术论文。国际机器学习会议 ICML 认为，ChatGPT 这类语言模型虽然代表了一种发展趋势，但随之而来的是一些意想不到的后果以及难以解决的问题。ICML 表示，ChatGPT 接受公共数据的训练，这些数据通常是在未经同意的情况下收集的，出了问题难以找到负责的对象。

ChatGPT 除提供的结果不够准确外，还无法引用信息来源；它几乎不知道 2021 年以后发生的事情。虽然它提供的结果通常足够流畅，在高中甚至大学课堂上可以过关，但无法像人类专家的表述那样，做到字斟句酌。

人们似乎对智能的标准要求很低。如果某样东西看起来很聪明，我们就很容易自欺欺人地认为它是聪明的。ChatGPT 和 GPT-3 在这方面是一个巨大的飞跃，但它们仍然是人类制造的工具。

由于当前的 ChatGPT 只是基于 2021 年及之前的数据进行训练的，加之使用的范围不大，存在一些知识盲区，或者在一些对话中出现笑话，这也在情理之中。但是随着大规模的用户对话训练持续，以及大规模的数据更新，ChatGPT 将会以超出我们想象的速度进化。

1.1.3　2023 年的决定性技术

六边形也好，不完美也罢，作为人工智能领域的现象级应用，ChatGPT 已经登上了历史舞台，开始进入甚至影响人们的生活。从硅谷科技巨头，到一二级资本市场，对其感兴趣的人都在讨论 ChatGPT 及 AI 技术的未来发展及所带来的影响。

其实，ChatGPT 上线之初，主要还是在 AI 行业和科技行业引起反响。2023 年春节后，其热度持续升温；2023 年 2 月，关于 ChatGPT 的重要消息明显增多。人们发现 ChatGPT 可以轻松撰写文案、代码，涉猎历史、文化、科技等诸多领域，甚至通过了谷歌年薪为 18.3 万美元的编码三级工程师岗位面试。互联网上铺天盖地都是关于 ChatGPT 的信息。

瑞银集团发布的报告显示：2023 年 1 月，ChatGPT 平均每天有约 1300 万名独立访客，这一数量是 2022 年 12 月的两倍。截至 2023 年 1 月末，ChatGPT 月活已突破 1 亿。ChatGPT 创造了新的用户增长速度纪录——相比之下，也曾被称为火爆的 Instagram，达到 1 亿的用户数用时两年半。

2023 年 2 月 2 日，微软宣布旗下所有产品全线整合 ChatGPT。2

月 8 日，由 ChatGPT 支持的新版 Bing（必应）搜索引擎上线；3 月，百度已提交注册 Chatflow 等多个商标；英国《自然》杂志不再支持 AI 工具列为作者的论文；数字媒体公司 Buzzfeed 计划使用 OpenAI 的 AI 技术来协助创作个性化内容；美国宾夕法尼亚大学称 ChatGPT 能够通过该校工商管理硕士专业课程的期末考试；OpenAI 宣布开发了一款名为 "AI Text Classifier" 的鉴别工具，目的是帮助用户分辨文字是否由 ChatGPT AI 等生成。

从资本市场来看，ChatGPT 的火爆推动了 AI 相关公司股价上涨。春节后的中国 A 股开市第一周，ChatGPT、AIGC 等概念表现活跃，相关个股连续上涨。Wind 数据显示：2 月 3 日，ChatGPT 指数上涨 5.56%，周涨幅达 30.18%。领涨的概念股包括赛为智能、海天瑞声、云从科技、初灵信息和汉王科技等，周涨幅高达 60%～70%。如汉王科技，尽管此前预告其 2022 年的净利润预计为 -1.4 亿元至 -9800 万元，但借着 ChatGPT 的概念，依旧不妨碍其出现连续涨停。

一些上市公司积极回复投资者在相关领域的布局，如捷成股份表示，公司参股子公司世优科技的虚拟数字人（以下简称"数字人"）已经接入 ChatGPT，通过数字人的人设背景等相关数据集，并基于 OpenAI 训练数字人专有大脑形成个性化模型。百度于 3 月 16 日召开"文心一言"的新闻发布会，阿里巴巴达摩院称正在研发类 ChatGPT 的产品。

据测算，基于 1 亿名用户，以每月 20 美元计算，ChatGPT 年收入将超过 200 亿美元。经估算，ChatGPT 在全球有超过 10 亿名的潜在用户，市场规模将超过 2000 亿美元。ChatGPT 的收费模式如能成功，对于投资者而言，将是巨大的利润前景。

如今，与 ChatGPT 概念相关的公司众多。据 CB Insights 统计，ChatGPT 概念领域目前约有 250 家初创公司，其中 51% 的融资进度在 A 轮或天使轮。2022 年，ChatGPT 和生成式 AI（AIGC）领域"吸金"超过 26 亿美元，共诞生 6 家独角兽企业，估值最高的就是 290 亿美元的 OpenAI。

2023 年 2 月 10 日，比尔·盖茨在接受采访时表示，像 ChatGPT 这样的人工智能的兴起，与互联网的诞生或个人计算机的发展一样重要。不同于元宇宙出现时带来的概念炒作狂潮，ChatGPT 才出现两个月，已经引发了关于人类社会生产和生活的真正变革的话题潮，关键就在于这是一次人工智能技术真正走向智能化的突破与应用。

1.2 ChatGPT 是如何炼成的

ChatGPT 看起来既强大又聪明，会创作，还会写代码。它在多个方面的能力都远远超出了人们的预期。那么，ChatGPT 的能力到底从何而来？

1.2.1 出色的 NLP 模型

强悍的功能背后，技术并不神秘。本质上，ChatGPT 是一个出色的 NLP 新模型。说到 NLP，大多数人先想到的是 Alexa 和 Siri 这样的语音助手，因为 NLP 的基础功能就是让机器理解人类的输入，但这只是技术的冰山一角。NLP 是人工智能（AI）和机器学习（ML）的子集，专注于让计算机处理和理解人类语言。虽然语音是语言处理的一部分，但 NLP 最重要的进步在于它对书面文本的分析能力。

ChatGPT 是一种基于 Transformer（转换器）模型架构的预训练语言模型。它通过庞大的文本语料库进行训练，学习自然语言的知识和语法规则。在被人们询问时，它通过对询问的分析和理解，生成答案。Transformer 模型提供了一种并行计算的方法，使得 ChatGPT 能够快速生成答案。

Transformer 模型又是什么呢？这需要从 NLP 的技术发展历程来看，在 Transformer 模型出现以前，NLP 领域的主流模型是循环神经网络（Recurrent Neural Networks，RNN），再加入注意力机制（Attention）。循环神经网络模型的优点是，能更好地处理有先后顺序的数据，如语言；而注意力机制就是让 AI 拥有理解上下文的能力。

但是，"RNN + Attention"模型会让整个模型的处理速度变得非常慢，因为 RNN 是一个词接一个词进行处理的，并且，在处理较长序列，如长文章、书籍时，存在模型不稳定或者模型过早停止有效训练的问题。

2017 年，谷歌大脑团队在神经信息处理系统大会上发表了一篇名为 *Attention is All You Need*（《自我注意力是你所需要的全部》）的论文，该论文首次提出了基于自我注意力机制（Self-attention）的 Transformer 模型，并首次将其用于 NLP。相较于此前的 RNN 模型，2017 年提出的 Transformer 模型能够同时进行数据计算和模型训练，训练时长更短，并且训练得出的模型可用语法解释，也就是模型具有可解释性。

这个最初的 Transformer 模型，一共有 6500 万个可调参数。谷歌大脑团队使用了多种公开的语言数据集来训练这个最初的 Transformer 模型。这些语言数据集包括 2014 年英语—德语机器翻译研讨班（WMT）数据集（有 450 万组英德对应句组），2014 年英语—法语机器翻译研讨班数据集（有 3600 万组英法对应句组），以及宾夕法尼亚大学树库语言数据集中的部分句组（分别取了库中来自《华尔街日报》的 4 万个句子，以及另外的 1700 万个句子）。而且，谷歌大脑团队在文中提供了模型的架构，任何人都可以用其搭建类似的模型，并结合自己手上的数据进行训练。

经过训练后，这个最初的 Transformer 模型在翻译准确度、英语句子成分分析等各项评分上都达到了业内第一，成为当时最先进的大语言模型。ChatGPT 使用了 Transformer 模型的技术和思想，并在其基础上进行扩展和改进，以更好地适用于语言生成任务。正是基于 Transformer 模型，ChatGPT 才有了今天的成绩。

1.2.2　庞大的数据训练

当然，单有语言模型没有数据，是"巧妇难为无米之炊"。因此，基于 Transformer 模型，ChatGPT 的开发者们开展了大量的数据训练。

在 ChatGPT 及 GPT-4 出现以前，OpenAI 已经推出了 GPT-1、GPT-2、GPT-3。虽然前几代的网络声量不大，但模型规模在当时都是重量级的。

GPT-1 具有 1.17 亿个参数，OpenAI 使用了经典的大型书籍文本数据集进行模型预训练。该数据集包含超过 7000 本从未出版的书稿，涵盖冒险、奇幻等类别。在预训练之后，OpenAI 针对问答、文本相似性评估、语义蕴含判定及文本分类这四种语言场景，使用不同的特定数据集对模型进一步训练。最终形成的模型在这四种语言场景下都取得了比基础 Transformer 模型更优的结果，成为新的业内第一。

2019 年，OpenAI 公布了一个具有 15 亿个参数的模型：GPT-2。该模型架构与 GPT-1 原理相同，主要区别是 GPT-2 的规模更大。不出意料，GPT-2 模型刷新了大语言模型在多项语言场景下的评分纪录。

而 GPT-3 的整个神经网络达到了惊人的 1750 亿个参数。除规模大了整整两个数量级外，GPT-3 与 GPT-2 的模型架构没有本质区别。不过，在如此庞大的数据训练规模下，GPT-3 已经可以根据简单的提示自动生成完整的文从字顺的长文章，让人几乎不敢相信这是机器的作品。GPT-3 还会写程序代码、创作菜谱等几乎所有的文本写作类任务。

从 GPT-1 到 GPT-2，再到 GPT-3，尽管 ChatGPT 及 GPT-4 的相关参数情况并未被公开，但可以想象，训练数据只会更多。

1.2.3 集优势之大成

特别值得一提的是，ChatGPT 与 GPT-3 是有所不同的。2022 年 3 月，ChatGPT 的开发公司 OpenAI 发表了论文 *Raining Language Models to Follow Instructions with Human Feedback*（《结合人类反馈信息来训练语言模型使其能理解指令》），并推出了 ChatGPT 所使用的——基于 GPT-3 模型并进行了微调的 InstructGPT 模型。在 InstructGPT 的模型训练中，加入了人类的评价和反馈数据，而不仅仅是事先准备好的数据集。也就是说，区别于 GPT-3 通过海量数据进行训练，在 ChatGPT 中，人类对结果的反馈成了 AI 学习过程中的一部分。

在 GPT-3 公测期间，用户提供了大量的对话和提示语数据；而 OpenAI 公司内部的数据标记团队也生成了不少的人工标记数据集，这些数据集可以帮助模型在直接学习数据的同时，学习人类对数据的标记。于是，OpenAI 因此对 GPT-3 所采用的监督式训练进行了微调。

随后，OpenAI 收集了微调过的模型生成的答案样本。一般来说，对于每一条提示词，模型都可以给出无数个答案，而人们一般只想看到一个答案，模型需要对这些答案进行排序，并选出最优的。所以，数据标记团队在这一步对所有可能的答案进行人工打分排序，并选出最符合人类习惯的答案。这些人工打分的结果可以进一步建立奖励模型——自动给语言模型奖励反馈，达到鼓励语言模型给出好的答案、抑制给出不好的答案的目的，帮助模型自动寻出最优答案。

最后，该团队使用奖励模型和更多的标注过的数据继续优化微调过的语言模型，并且进行迭代，最终得到的模型就是 InstructGPT。

简单来说，OpenAI 于 2020 年发布的 GPT-3，让计算机第一次拥有了惟妙惟肖地模仿人类"说话"的能力。但是，当时的 GPT-3 的观点和逻辑常常出现错误和混乱，OpenAI 因此引入了人类监督员，专门"教"AI 如何更好地回答人类提出的问题。当 AI 的答案符合人类评价标准时，就打高分，否则就打低分。这使得 AI 能够按照人类价值观优化数据和参数。

集合了优势之大成，ChatGPT 展示出了前所未有的功能，一举成为 AI 领域的现象级应用。

1.3 "ChatGPT+" 无所不能

ChatGPT 问世不到两个月就吸引了无数人的目光，它基于大型语言训练模型给出的结果几乎横扫人工智能界。ChatGPT 的热度，让人们感受到了 AI 带来的便利，很快就衍生出了"ChatGPT+"效应。

1.3.1 叠加"魔法"的 ChatGPT

所谓的"ChatGPT+"效应，其实就是 ChatGPT 模型和其他人工智能程序的"组合拳"。其中一个例子就是 Wolfram Alpha 和 ChatGPT 的结合。

Wolfram Alpha 问答系统由"Wolfram 语言之父"史蒂芬·沃尔夫勒姆开发，在沃尔夫勒姆看来，世界是可计算的。因此，他试图做的是：只要你能描述出来想要什么，然后计算机尽量去理解意思，并尽最大努力去执行。为了完成这一目标，沃尔夫勒姆创造了以他自己名字命名的 Wolfram 语言和计算知识搜索引擎 Wolfram Alpha。

2023 年 1 月 9 日，沃尔夫勒姆发表了一篇文章，比较了 ChatGPT 和十四岁的 Wolfram Alpha 问答系统，想让两者结合起来。

要知道，虽然 ChatGPT 在创作文本上表现出了惊人的能力，但其数学能力实在是"拉胯"，连小学生都会的"鸡兔同笼"问题和简单的加减乘除都可能算错。而 Wolfram Alpha 问答系统恰巧是理工科"神器"，ChatGPT 和 Wolfram Alpha 问答系统的结合，能实现完美互补。

Wolfram Alpha 于 2009 年 5 月 18 日正式发布，其底层运算和数据处理工作是通过在后台运行的数学软件 Mathematica 实现的。因为 Mathematica 支持几何、数值及符号式计算，并且具有强大的数学以及图形图像的可视化功能，所以 Wolfram Alpha 能够回答多种多样的数学问题，并将答案以清晰美观的图形化方式显示给用户。这种计算知识引擎为苹果的数字助理 Siri 奠定了坚实的基础。

Wolfram Alpha 本就具有强大的结构化计算能力，而且也能理解自然语言。比如，如果我们问 ChatGPT：从芝加哥到东京有多远？ChatGPT 也许并不能给我们一个精确的答案，因为 ChatGPT 的答案来源于在训练中就要注意到芝加哥与东京之间的明确距离，当然还可能答错。而即便答对，只掌握这种简单的解决方法还不够，它需要一种实际的算法。但 Wolfram Alpha 却能充分利用其结构化、高精准的知识将某事转化为精确计算。

可以说，ChatGPT 与 Wolfram Alpha 的结合，成就了"ChatGPT+"。

1.3.2　让"ChatGPT+"飞起来

"ChatGPT+"效应，向很多在探索 AIGC 商业化落地的企业提供了参考和借鉴。有的用户把 ChatGPT 与 Stable Diffusion（AI 文生图工具）结合使用，即先要求 ChatGPT 生成随机的 prompt（艺术提示词），然后把 prompt 输入 Stable Diffusion，再生成一幅艺术性很强的画作。还有用户提出"ChatGPT+WebGPT"，WebGPT 是 OpenAI 公布的另一个版本的 GPT，可以通过查询搜索引擎和汇总查询到的信息来回答问题，包括对相关来源的注释。我们可以把 WebGPT 理解为高阶版的网页爬虫，从互联网上摘取信息来回答问题，并提供相应的出处。"ChatGPT+WebGPT"产生的结果信息可以实时更新，对于事实真假的判断更为准确。

微软 CEO 纳德拉透露，计划将 ChatGPT、Dall-E 等人工智能工具整合进微软旗下的产品中，包括 Office 全家桶、Azure 云服务、Teams 聊天程序等。ChatGPT 已整合进入搜索引擎 Bing，为用户呈现更完整的信息并附加信息来源，同时借助更强大的自然语言处理系统识别关键字，提供更精准和个性化的相关内容推荐。在 Office 全家桶中，NLP 技术将允许用户使用更灵活和智能的方式检索内容，并帮助用户快速生成个性化文本，带来办公体验的智能升级。而依托 OpenAI 在办公领域的强大生态，ChatGPT 则有望得到快速发展，加速实现对话式 AI、AIGC 的商业化落地。

可以预见，"ChatGPT+"还将给现有的产品和服务带来更多新玩法和新体验，人工智能的应用也将步入一个全新的阶段。

1.4 AI 生成大流行

2022 年，是人工智能生成内容（AIGC）爆火"出圈"的一年，从 AI 生成绘画到 AI 生成代码，再到 AI 创作的文艺作品，人们惊叹于 AI 生成的内容，因为这已经不输于人类创作的水平。而 2022 年末诞生的 ChatGPT 更是把 AIGC 推向一个新的高潮。美国《科学》杂志发布的 2022 年度科学十大突破中，AIGC 作为人工智能领域的重要突破赫然在列。Gartner 将 AlGC 列为 2022 年五大影响力技术之一。《麻省理工科技评论》也将 AlGC 列为 2022 年十大突破性技术之一，甚至将 AIGC 称为 Al 领域过去十年最具前景的进展。

1.4.1 AIGC 爆火"出圈"

什么是 AIGC？实际上，AIGC 是一个组合词：AI+GC，意思是用人工智能生产内容（AI Generated Content）。从内容创作方式来看，我们曾经听到的大多是 PGC 和 UGC。其中，PGC 是指由专业内容生产者来生产内容。比如，一个网站研究并制作出高质量科技评测视频的方式，就可以被称为 PGC。在互联网时代，PGC 在向大众传播信息方面发挥了重要作用。UGC 是指用户生成内容，这些内容不是由专业内容生产者制作的，而是由普通用户自行制作的。比如，在社交媒体上发布的照片、评论和视频等就属于 UGC 方式。在移动互联网时代，UGC 成了主流的内容生产方式。

现在，AIGC 正在以迅雷之势成为继 PGC 和 UGC 之后新型的内容创作方式。要知道，不管是 PGC 还是 UGC，都是以人为主体进行内容生成和创作的，而 AIGC 的制作方从人或机构变成了 AI。

其实 AIGC 的概念并非在 2022 年才出现。此前，类似于微软"小冰"等人工智能，作诗、写作、创作歌曲等产品生产就属于 AIGC 的领域。但直到 2022 年，随着一幅 AI 画作的获奖，AIGC 开始集中爆发。

2022 年 8 月，在美国科罗拉多州举办的数字艺术家竞赛中，一幅名为《太空歌剧院》的画作获得数字艺术类别冠军。这一画作由 AI 绘图工具 Midjourney 完成：画面上，几位演员穿着华美戏服，站在舞台上表演，黑暗中的观众席上方出现一个巨大圆窗，似乎能看到另一个未知世界的存在。这一 AI 作品，在世界范围内引发热烈讨论，"AI 画作拿一等奖惹怒人类艺术家"的话题很快登上热搜，仅单日阅读量就超过了 1.1 亿人次。

2022 年 10 月，Stability Al 获得约 1 亿美元融资，估值高达 10 亿美元，跻身独角兽公司行列。Stability Al 发布的开源模型 Stable Diffusion，可以根据用户输入的文字描述自动生成图像，即文生图（Text-to-Image，T2I）。Stable Diffusion、Dall-E 2、Midjourney 等可以生成图像的 AIGC 模型引爆了 AI 作画领域。AI 作画风行一时，标志着人工智能向艺术领域渗透。

在 AIGC 图像生成火爆的同时，ChatGPT 横空出世，与人类"对答如流"，将人机对话推向新的高度。体验过的用户纷纷被 ChatGPT 强大的功能折服，它不仅可以轻松与人类进行各个领域的对话，还能理解各式各样的需求，无论是写代码还是创作小说，甚至给推特的发展提建议、质疑不正确的假设、拒绝不合理的要求等。

可以说，2022 年后，AIGC 正式进入发展的快车道。现在，全球各大科技企业都在积极拥抱 AIGC，不断推出相关的技术、平台和应用。

1.4.2　AIGC 大展身手

无论是火遍全网的 AI 作画，还是快速吸引用户的 ChatGPT，都属于 AIGC 这一领域，AIGC 不仅在图像生成、文本生成领域大展身手，在短视频、动画、音乐等领域同样有非常广阔的前景。

AI 图像生成是 AIGC 目前发展势头最猛、落地产品众多的领域，根据使用场景，可分为图像编辑和端到端图像生成。图像编辑包括图像属性编辑和图像内容编辑。端到端图像生成包括基于图像生成，如基于草图生成完整图像、根据特定属性生成图像等，以及多模态转换，如根据文字生成图像等。典型的产品或算法模型包括 EditGAN、Deepfake、Dall-E、Midjourney、Stable Diffusion、"文心·一格"等。

AI 文本生成是 AIGC 中发展最早的一部分技术，根据使用场景，可分为非交互式文本生成和交互式文本生成。非交互式文本生成包括内容续写、摘要/标题生成、文本风格迁移、整段文本生成、图像生成文字描述等。交互式文本生成包括聊天机器人、文本交互游戏等。典型的产品或算法模型有 JasperAI、Copy.ai、彩云小梦、AI Dungeon、ChatGPT 等。

AI 视频生成可分为视频编辑，如画质修复、视频特效、视频换脸等，以及视频自动剪辑和端到端视频生成，如文字生成视频等。谷歌旗下的文字生成视频 AI 模型 Phenaki 就是一个典型应用。虽然 Phenaki 生成的视频画质还比较差，但时长 2 分钟的内容已经涉及多个场景、不同主题的变换。正如 Phenaki 官网所展示的一段视频，其根据一段由 200 个单词构成的提示语，生成了一段关于未来科幻世界的视频。随着 AI 与短视频的连接与日俱增，短视频平台的内容池里，除传统的 UGC 和 PGC 外，AIGC 将占更高的比例，且流量号召力不容小觑。

AI 音频生成中的部分技术已经较为成熟，被应用于多种 C 端产品中。音频生成可分为语音合成（Text-to-speech，TTS）和乐曲生成两类。其中，TTS 具有语音客服、有声读物制作、智能配音等功能。乐曲生成可基于开头旋律、图片、文字描述、音乐类型、情绪类型等生成特定乐曲。典型的产品或算法模型有 DeepMusic、WaveNet、Deep Voice、MusicAutoBot 等。

此外，AIGC 还包括代码生成、游戏生成、3D 生成等。今天，AIGC 已经步入了春天，可以预见，作为数字内容的新生产方式，AIGC 的渗透率还将逐步提升，应用场景日益丰富，包括游戏、动漫、传媒等行业。根据 Gartner 预测，到 2025 年，人工智能生成数据占比将达到 10%。2022 年 9 月，红杉资本发布的文章 *Generative AI: A Creative New World* 的分析则显示，AIGC 有潜力产生数万亿美元的经济价值。

1.4.3　内容生产的全新变革

如果说 AI 推荐算法是内容分发的强大引擎，那么，AIGC 就是数据与内容生产的强大引擎。

传统创作中，创作主体人类往往被认为是权威的代言者，是灵感的所有者。事实上，正是因为人类激进的创造力、非理性的原创性，甚至是毫无逻辑的慵懒，而非顽固的逻辑，才使得到目前为止，机器仍然难以模仿人的这些特质，使得创造性生产仍然是人类的专属。但今天，随着 AIGC 的出现与发展，创作主体的属人特性被冲击，艺术创作不再是人的专属。即便是模仿式创造，AI 对艺术作品形式风格的可模仿能力的出现，都使创作者这一角色的创作不再是人的专利。

AIGC 还朝着效率和品质更高、成本更低的方向发展。从社交媒体到游戏、从广告到建筑、从编码到平面设计、从产品设计到法律、从营销到售后等各个需要人类知识创造的行业都可能被 AIGC 所影响和变革。数字经济和人工智能发展所需的海量数据也能通过 AlGC 技术生成、合成出来，即合成数据。

今天，AIGC 正在掀起一场内容生产的革命。在内容需求旺盛的当下，AIGC 所带来的内容生产方式变革引起了内容消费模式的变化。比如，Al 作画可以提高美术素材的生产效率，在游戏、数字藏品领域初步得以应用。

再如，火遍全网的 ChatGPT 正是典型的文本生成式 AlGC。ChatGPT 不仅能够满足与人类进行对话的基本功能，还可以驾驭各种风格的文体，且对代码编辑、基础脑力工作处理等一系列常见的文字输出任务的完成程度也大大超出人类预期。

概念上似乎更广泛的 AIGC 看起来没有 ChatGPT 那么火爆，核心原因在于两者之间的差异。尽管 AIGC 的概念更宽泛，但目前的技术更多的只是侧重于图像化理解与生成，这与 ChatGPT 基于神经网络的类人智能化逻辑有所差异。相比较而言，ChatGPT 是人类真正期待的人工智能的样子，即具备类人沟通能力，并且借助于大数据的信息整合成为人类强大的助手。

ChatGPT 让我们讨论已久、期待已久的人工智能有了可触感，无论它的技术是不是最先进的，但是它所呈现的模样是符合大家期待的。至于未来，是发展成 AIGC 包含 ChatGPT，还是 ChatGPT 以更快速的迭代与商业化应用取代 AIGC 的概念，仍不好下定论。

无论这些技术的概念将被如何定义，都意味着，在未来，人类社会一切有规律性、规则性的工作，将被 ChatGPT 或者比 ChatGPT 更进一步的 AIGC 所取代，并且一些创造性工作会加速进入人机交互时代。

第2章

通用 AI，
奇点将近

2.1 一个世界，两套智能

2.1.1 智能的起源

46亿年前，地球诞生。6亿年后，在早期的海洋中出现了最早的生命，生物开始了由原核生物向真核生物的复杂而漫长的演化。

6亿年前，埃迪卡拉纪，地球上出现了多细胞的埃迪卡拉生物群，原始的腔肠动物在埃迪卡拉纪的海洋中浮游着。控制它们运动的，是其体内一群特殊的细胞——神经元。不同于那些主要与附近的细胞形成各种组织结构的同类，神经元从胞体上抽出细长的神经纤维，与另一个神经元的神经纤维相会。这些神经纤维中，负责接收并传入信息的"树突"（dendrite）占了大多数，而负责输出信息的"轴突"（axon）则只有一条（但可分叉）。当树突接收大于兴奋阈值的信息后，整个神经元就将如同灯泡被点亮一般，爆发出一个短促但极为明显的"动作电位"（actionpotential），动作电位会在近乎瞬间就沿着细胞膜传遍整个神经元——包括远离胞体的神经纤维末端。之后，上一个神经元的轴突和下一个神经元的树突之间名为"突触"（synapse）的末端结构会被电信号激活，"神经递质"（neurotransmitter）随即被突触前膜释放，用以在两个神经元间传递信息，并且能依种类不同，对下一个神经元起到兴奋或抑制的不同作用。这些最早的神经元，凭着自身的结构特点，组成了一张分布于腔肠动物全身的网络。就是这样一张看起来颇为简陋的神经元网络，成为日后所有神经系统的基本结构。

2000万年前起，一部分灵长类动物开始花更多的时间生活在地面上。

700 万年前，在非洲某个地方，出现了第一批用双脚站立的"类人猿"。

200 万年前，非洲东部出现了另一个类人物种，就是我们所说的"能人"。这个物种的特别之处在于其成员可以制作简单的石质工具。在这之后，漫长又短暂的 150 万年中，狭义"智能"在他们那大概只有现代智人一半大的脑子里诞生发展。他们开始改进手中的石器，甚至尝试着"驯服"狂暴的烈焰，随着自然选择和基因突变的双重作用，他们后代的脑容量越来越大，直到"直立人"出现。

根据古生物学的研究，"直立人"与现代人类个头相当，其脑容量也和我们相差无几。他们制作的石质工具比"能人"制作的更加精细复杂，这些"直立人"即"智人"。

20 万年前，"智人"的大脑出现了飞跃性的发展，对直接生存意义不大的联络皮层尤其是额叶出现了剧烈的增长，随之带来的就是高昂的能耗——人脑重量只占体重总量的 2%～3%，但能耗却占了 20%。然而，付出这些代价换来的结果，使得大脑第一次有了如此之多的神经元来对各种信息进行深度的抽象加工和整理储存。自此，人类的智能进化，开启了通过文化因子传承智慧、适应环境的全新道路，从此摆脱了自然进化的桎梏。

人类智能的第一个发端是对物质形态的转化。远古时期，人类对物质的转化是极其简单的。先是从低级而又单一的物质几何形状的转化开始，如把石块打磨成尖锐或厚钝的石质手斧。猿人用它袭击野兽、削尖木棒、挖掘植物块根，把它当成一种"万能"的工具使用。

然后，到了中石器时代，石器发展成了镶嵌工具，即在石斧上安装木质或骨质把柄，从而使单一物质形态转化发展为两种不同质性的复合物质形态。在此基础上又发展出石刀、石矛、石链等复合化工具，直到发明了弓箭。再到新石器时代，人类学会了在石器上凿孔，发明了石镰、石铲、石锄，以及加工粮食的石臼、石柞等。物质形态在人的有目的的活动中，按照人的需要进行转化，同时这种劳动又在锻炼和改变着人脑，使人脑向智能实体迈近了一步。

人类智能的第二个发端是对能量的转化。原始人类对"火"及与自身关系的认识就是一个明显的例证，从对雷电引起的森林或草原的野火的恐惧，到学会用火来烧烤猎物以熟食，再到用火来御寒、照明、驱赶野兽，人工取火方法的掌握标志着"火"作为一种自然力真正被人们所利用。当"火"这种自然力开始为人所用时，也进一步促进了人体和大脑的发育，正如恩格斯所指出的——摩擦生火第一次使人支配了一种自然力，从而最终把人同动物界分开。

对火的利用又令原始人类学会了烧制陶器，制陶技术使古代材料技术与材料加工技术得到了重大发展。使人类对材料的加工第一次超出了仅仅改变几何形状的范围，开始改变材料的物理、化学属性。此外，制陶技术的发展，又为冶金技术的产生奠定了基础。

人类智能的第三个发端是对信息的转化。在对物质形态和能量的转化过程中，人们所创造的石斧、取火器具、陶器等物质成果和物质手段，内化着人与自然、人与人之间的关系和信息。它们既是人类物质活动的手段，又是人类精神活动的手段；既是物质实体，又是信息载体。因此，人们在从事物质形态和能量转化的同时，必然要伴随着信息的转化。

对信息的转化使人类创造了语言，人们在物质转化的过程中把共同的需要和感受，以及内化在劳动过程和劳动成果中的人与人、人与自然的相互关系和信息，彼此进行不断的传授，形成了某种"共识"，并以某种特定的音节表示不同的共识内容。

语言的出现使人类具备了从具体客观事物中总结、提取抽象化和一般性概念的能力，并能通过语言将其进行精确的描述、交流，甚至学习。事实上，语言的产生是古人类进化的必然结果，它与大脑功能和人体其他功能的发展是密不可分的。

位于人类大脑皮层左前部的布罗卡氏区控制语言的产生功能，后面的韦尼克区主管语言的接收功能，大脑右侧区域通过胼胝体接收左侧区域的信号，综合完成更为高级的如欣赏音乐、艺术和方向定位等功能。胼胝体大约有 2 亿条神经纤维通过，对人脑左右半球的信息传播起着极为重要的作用。

语言的本质，就是大脑中的一个"器官"。但就是因为这个脑结构的出现，人类的发展速度立刻呈现出爆发性增长。之后，建立在语言基础上的"想象共同体"出现了，人类的社会行为随之超越了灵长类本能的部落层面，一路向着更庞大、更复杂的趋势发展。随着文字的发明，最早的文明与城邦终于诞生在西亚的两河流域。

2.1.2　从人类智能到人工智能

物质形态、能量和信息的转换和发端，既构成了人类智能的起源，又开创了人类智能活动对物质转化的整体雏形。

自认知革命、农业革命和工业革命发生以来，几千年来人类的全部活动表明，人类认识自然、改造自然的对象无非是三类最基本的东西：物质、能量、信息。迄今，人类掌握的主要技术都是在材料技术、能源技术、信息技术的基础上发展起来的。

随着这三个基本领域技术的不断发展，人类智能活动对物质的转化方式及转化成果也不断从单一要素向复合要素转化。蒸汽机的制造和使用，是人类对物质和能量两大要素的复合转化；电子计算机的制造和使用，是人类对物质、能量和信息三大要素的综合转化；而今天人们对人工智能的研究，则可以被理解为人类将物质、能量、信息及人类智能四者合一的转化。

1950 年，阿兰·图灵发表论文《计算机器与智能》，提出了机器能否思考的问题，为人工智能的诞生埋下了伏笔。1957 年，第一个机器学习项目启动，标志着人工智能作为一门学科的诞生。通过神经元理论的启发，人工神经网络作为一种重要的人工智能算法被提出，并在之后的几十年内被不断完善。与人脑的天然神经网络类似，人工神经网络也将虚拟的"神经元"作为基本的运算单位，并将其如大脑皮层中的神经元一样，进行了功能上的分层。但具体到连接模式和工作原理上，二者依然有着诸多不同，所以并不能简单地将二者等同视之。

在经过无数的反复和波折后，21 世纪的人工智能发展进入了一个崭新的阶段，新一代神经网络算法在学习任务中表现出了惊人的性能。各种图像和音频识别软件的准确率越来越高，语言加工程序的智能程度也与日俱增。

于是，人类智能这种无止境的延伸，一方面借助于数字化的技术改变着、转化着整个自然界，试图构建一个万物互联互通的时代；另一方面也创造了一种新的智能形式，那就是机器智能。

2.1.3　什么是智能的本质

从人类智能到人工智能，智能的本质是什么？

我们知道，人类智能主要与人脑的联络皮层有关，这并不直接关联感觉和运动的大脑皮层，在一般动物脑中所占的面积相对较小；而在人的大脑里，海量的联络皮层神经元成为搭建人类灵魂栖所的砖石。人类的语言、陈述性记忆、工作记忆等能力远胜于其他动物，都与联络皮层有着极其密切的关系。而我们的大脑，终生都缩在颅腔之中，仅能感知外部传来的电信号和化学信号。

也就是说，智能的本质，就是这样一套通过有限的输入信号来归纳、学习并重建外部世界特征的复杂"算法"。从这个角度上看，作为抽象概念的"智能"，确实已经很接近笛卡儿所谓的"精神"了，只不过它依然需要将自己铭刻在具体的物质载体上——可以是大脑皮层，也可以是集成电路。

这也意味着，人工智能作为一种智能，理论上迟早可以运行名为"自我意识"的算法。虽然有观点认为人工智能永远无法超越人脑，因为人类自己都不知道人脑是如何运作的。但事实是，人类迭代人工智能算法的速度要远远快于 DNA 通过自然选择迭代其算法的速度，所以，人工智能想在智能上超越人类，根本不需要理解人脑是如何运作的。

人类智能和人工智能是今天世界上同时存在的两套智能，实际上，人工智能的"思考模式"与人类的思考模式完全不同。相比于基本元件运算速度缓慢、结构编码存在大量不可修改的原始本能、后天自塑能力有限的人类智能来说，人工智能虽然尚处于蹒跚学步的发展初期，但未来的发展潜力却远远大于人类智能。

事实上，包括 AlphaGo 在内的人工智能已经证明，对确定目标的问题，机器一定会超越人类。20 年后，基于深度学习的人工智能及其"后代"会在很多任务上击败人类。但在很多任务上尤其是灵感类的创造力方面，人类会比机器更擅长。

在未来，更可能出现的情况，或许是我们人类着力于寻求人类智能与人工智能的良性共生，而不是纠结于人类智能与人工智能孰强孰弱，或者人工智能会不会代替人类智能成为这个世界的主角。今天，ChatGPT 的出现，让人们真正感受到了人工智能的力量，ChatGPT 不同于过去任何一个人工智能产品，ChatGPT 在大多数任务上的表现都不输于甚至超越人类，或许这也向人们展示了一个道理——不是只有人类才是智能的黄金标杆。

2.2　从狭义 AI 到通用 AI

由于 AI 是一个广泛的概念，因此会有许多不同种类或者形式的 AI。而基于 AI 能力的不同，我们可以把 AI 归为三大类，分别是 ANI（狭义 AI）、AGI（通用 AI）和 ASI（超级 AI）。

2.2.1　当前的 AI 世界

到目前为止，我们所接触的 AI 产品大都还是 ANI 的。

简单来说，ANI 就是一种被编程来执行单一任务的人工智能——无论是预报天气、下棋，还是分析原始数据以撰写新闻报道。ANI 也就是所谓的弱人工智能。值得一提的是，虽然有的人工智能能够在国际象棋比赛中击败世界象棋冠军，如 AlphaGo，但这是它唯一能做的事情，如果你要求 AlphaGo 找出在硬盘上存储数据的更好方法，它就会茫然无措。

我们的手机就是一个小型 ANI 工厂。当我们使用地图应用程序导航、查看天气、与 Siri 交谈或进行许多其他的日常活动时，我们都在使用 ANI。

我们常用的电子邮箱垃圾邮件过滤器是经典的 ANI，它拥有加载关于如何判断什么是垃圾邮件、什么不是垃圾邮件的智能，然后可以随着我们的特定偏好获得经验，帮我们过滤掉垃圾邮件。

在我们的网购背后，也有 ANI 的工作。比如，当你在电商网站上搜索产品，然后却在另一个网站上看到它是"为你推荐"的产品时，会觉得毛骨悚然。而逻辑就是一个个 ANI 系统网络，它们共同工作，相互告知你是谁，你喜欢什么，然后使用这些信息来决定向你展示什么。一些电商平台常常在主页显示"买了这个的人也买了……"，这也是一个 ANI 系统，它从数百万名顾客的行为中收集信息，并综合这些信息，巧妙地向你推销，这样你就会买更多的东西。

ANI 就像发展初期的计算机，人们最早设计电子计算机是为了代替人类计算者完成特定的任务。而阿兰·图灵等数学家则认为，我们应该制造通用计算机，我们可以对其编程，从而完成所有的任务。

于是，曾经在一段过渡时期，人们制造了各种各样的计算机，包括为特定任务设计的计算机、模拟计算机、只能通过改变线路来改变用途的计算机，还有一些使用十进制而非二进制工作的计算机。现在，几乎所有的计算机都满足图灵设想的通用形式，我们称其为"通用图灵机"。只要使用正确的软件，计算机就可以执行相应的任务。

市场的力量决定了通用计算机才是正确的发展方向。如今，即便使用定制化的解决方案，如专用芯片，可以更快、更节能地完成特定任务，但更多时候，人们还是更喜欢使用低成本、便捷的通用计算机。

这也是今天 AI 即将出现的类似的转变——人们希望 AGI 能够出现，它与人类更类似，能够对几乎所有的东西进行学习，并且可以执行多项任务。

2.2.2　通用 AI 和超级 AI

与 ANI 只能执行单一任务不同，AGI 是指在不特定编码知识与应用区域的情况下，应对多种甚至泛化问题的人工智能技术。虽然从直觉上看，ANI 与 AGI 是同一类东西，都只是一种不太成熟和复杂的实现，但事实并非如此。AGI 将拥有在事务中推理、计划、解决问题、抽象思考、理解复杂思想、快速学习和从经验中学习的能力，能够像人类一样轻松地完成所有这些事情。

当然，AGI 并非全知全能。与任何其他智能存在一样，根据所要解决的问题，它需要学习不同的知识内容。比如，负责寻找致癌基因的 AI 算法不需要识别面部的能力；而当同一个算法被要求在一大群人中找出十几张脸时，它就不需要了解任何有关基因的知识。AGI 的实现仅仅意味着单个算法可以做多件事情，而并不意味着它可以同时做所有的事情。

值得一提的是，ASI 又与 AGI 不同。ASI 不仅要具备人类的某些能力，还要有知觉，有自我意识，可以独立思考并解决问题。虽然两个概念似乎都对应着人工智能解决问题的能力，但 AGI 更像是无所不能的计算机，ASI 则超越了技术的属性成为"穿着钢铁侠战甲的人类"。牛津大学哲学家和领先的人工智能思想家尼克·博斯特罗姆就将 ASI 定义为"一种几乎在所有领域都比最优秀的人类更聪明的智能，包括科学创造力、一般智慧和社交技能"。

2.2.3　如何实现通用 AI

自人工智能诞生以来，科学家们就在努力实现 AGI，具体可以分为两个路径。

第一个路径就是让计算机在某些具体任务上超过人类，如下围棋、检测医学图像中的癌细胞。如果计算机在执行一些困难任务时的表现能够超过人类，那么计算机最终就有可能在所有的任务中都超越人类。通过这种方式来实现 AGI，AI 系统的工作原理以及计算机是否灵活就无关紧要了。

唯一重要的是，这样的人工智能计算机在执行特定任务时比其他人工智能计算机更强大，并最终超越最优秀的人类。如果最强的计算机围棋棋手在世界上仅仅位列第二名，那么它就不会登上媒体头条，甚至可能会被视为失败者。但是，计算机围棋棋手击败世界上顶尖的人类棋手就会被视为一个重要的进步。

第二个路径是重点关注 AI 的灵活性。通过这种方式，人工智能就不必具备比人类更强的性能。科学家的目标就变成了创造可以做各种事情并且可以将从某个任务中学到的东西应用于另一个任务的机器。

比如，AIGC 就遵循了这样的路径。有关 AIGC 技术方面的进展主要表现在三个方面：一个是图像生成，即以 Dall-E 2、Stable Diffusion 为代表的扩散模型；一个是 NLP，即基于 GPT-3.5 的 ChatGPT；还有一个就是代码生成，如基于 CodeX 的 Copilot。

基于庞大的数据集，ChatGPT 得以拥有更好的语言理解能力，这意味着它可以更像一个通用的任务助理，能够与不同行业结合，衍生出很多的应用场景。可以说，ChatGPT 已经为通用 AI 打开了一扇大门。

ChatGPT 还引入了人类监督员，专门"教" AI 如何更好地回答人类的问题，这使得 AI 能够按照人类价值观优化数据和参数。在互联网中，只要涉及文本生成和对话，都能够被 ChatGPT "洗一遍"，这使得 ChatGPT 能达到一个接近于自然的人类语言对话的效果。

以自动驾驶为例，目前的自动驾驶系统还是 ANI 的，与人的交互也是比较机械的。比如，前面有一辆车，按照规则，它可能无法正确判断什么时候该绕行。而 ChatGPT 等人工智能的迭代，会让机器更接近人的思维模式，学习人的驾驶行为，带领自动驾驶进入 "2.0 时代"。

2.3 通用 AI 初具雏形

虽然过去人们对 AGI 总有各种抽象的想法，但如今，随着图像生成、代码生成、自然语言处理等 AI 生成技术的发展，AGI 似乎已经走到了一个重要的十字路口——生成式 AI 是技术底座之上的场景革新，涵盖了图文创作、代码生成、游戏、广告、艺术平面设计等应用。

ChatGPT 爆火，更是推动以多模态预训练大模型、生成式 AI 为代表的 AI 技术来到规模化前夜的奇点，人类对 AGI 的想象开始具象起来。

2.3.1 ChatGPT 的通用性

按照是否能够执行多项任务的标准来看，ChatGPT 已经具备了 AGI 的特性——ChatGPT 被训练来回答各种类型的问题，并且适用于多种应用场景，可以同时完成多个任务，如问答、对话生成、文本生成等。这说明，它不仅仅是针对某一特定任务进行训练的，而是具有通用的语言处理能力。因此，我们也可以把 ChatGPT 认为是一种 AGI 模型。

ChatGPT 为 AI 的发展构建了一个完善的底层应用系统。这就类似于计算机的操作系统，计算机的操作系统是计算机的核心部分，在资源管理、进程管理、文件管理等方面都起到了非常重要的作用。在资源管理上，操作系统负责管理计算机的硬件资源，如内存、处理器、磁盘等。它分配和管理这些资源，使得多个程序可以共享资源并且高效运行。在进程管理上，操作系统管理计算机上运行的程序，控制它们的执行顺序和分配资源，它还维护程序之间的通信，以及处理程序间的并发问题。在文件管理上，操作系统则提供了一组标准的文件系统，可以方便用户管理和存储文件。Windows 操作系统和 iOS 操作系统是目前两种主流的移动操作系统，而 ChatGPT 的诞生，也为 AI 应用提供了技术底座。虽然 ChatGPT 是一个语言模型，但与人对话只是 ChatGPT 的表皮，其真正的作用，是我们能够基于 ChatGPT 这个开源的人工智能系统平台，开放接口来做一些二次应用。

微软已将 ChatGPT 与搜索引擎 Bing 结合。尽管以往的搜索引擎可以用来查询导航和基本事实之类的信息，但是对于更复杂的查询，如"能否推荐马尔代夫的五天旅游行程"，一般的搜索引擎往往都没有结果，只是提供相关信息的汇总，需要人们自己在汇总的信息中寻找结果。但是人们需要查询的往往是这类问题的结果——回答这类问题正是 ChatGPT 的强项。有了 ChatGPT 助力的 Bing，将在页面右侧的框中显示基于 ChatGPT 的结果。

除了新版 Bing，微软还为 Edge 浏览器推出了两项新的 AI 增强功能——"聊天"和"撰写"。这些功能将嵌入 Edge 的侧边栏。"聊天"允许用户总结他们正在查看的网页或文档，并就其内容提出问题。而"撰写"则可以充当写作助手，根据一些开始提示，帮助生成从电子邮件到社交媒体帖子的文本。

总体来说，ChatGPT 为 AI 应用提供了通用的技术底座，而基于 ChatGPT 系统做出的二次应用，也正是 ChatGPT 作为一个 AGI 模型的迷人之处。

2.3.2 大模型路线的胜利

除能够执行多项任务以及二次应用外，更重要的是，ChatGPT 的成功证明了大模型路线的有效性，这直接打开了 AGI 发展的大门，让 AI 终于完成了从 0 到 1 的突破，开启真正的 AI 时代。

ChatGPT 的成功，根本在于技术路径的成功。在 OpenAI 的 GPT 模型之前，人们在处理 NLP 时，用的都是 RNN，然后加入注意力机制。所谓的注意力机制，就是将人的感知方式、注意力的行为应用在机器上，让机器学会去感知数据中的重要和不重要的部分。比如，当我们让 AI 识别一张动物图片时，最应该关注的地方就是图片中动物的面部特征，包括耳朵、眼睛、鼻子、嘴巴，而不用太关注图片背景中的一些信息，注意力机制的核心在于希望机器能在众多信息中注意到对当前任务更关键的信息，而对于其他的非关键信息就不需要太多的注意力侧重。换言之，注意力机制让 AI 拥有了理解的能力。

但"RNN+Attention"使模型的处理速度非常慢。这个只有 Attention 的 Transformer 模型不再是逐词处理，而是逐序列处理，可以并行计算，所以计算速度大大加快，让训练大模型、超大模型、巨大模型、超巨大模型成为可能。

于是，OpenAI 开发了 GPT，其目标只有一个，就是预测"下一个单词"。如果说过去只是遮盖掉句子中的一个词，让 AI 根据上下文"猜出"那一个词，进行完形填空，那么 GPT 要做的，就是要"猜出"后面一堆的词，甚至形成一篇通顺的文章。事实证明，基于 Transformer 模型和庞大的数据集这一路径，GPT 做到了。

特别值得一提的是，在 GPT 诞生的同期，还有一种火爆的语言模型，即 BERT。BERT 是谷歌基于 Transformer 做的语言模型，是一种双向的语言模型，通过预测屏蔽子词进行训练——先将句子中的部分子词屏蔽，再令模型去预测被屏蔽的子词，这种训练方式在语句级的语义分析中取得了极好的效果。BERT 模型还使用了一种特别的训练方式——先预训练，再微调，这种方式可以使一个模型适用于多个应用场景。这使得 BERT 刷新了 11 项 NLP 任务处理的纪录，引发了众多 AI 研究者的跟随。

面对 BERT 的火爆，OpenAI 依然坚持做生成式模型，而不是去做理解，于是就有了后来的 GPT-3。

从 GPT-1 到 GPT-3，OpenAI 用了两年多的时间，以"大力出奇迹"的办法，证明了大模型的可行性，参数从 1.17 亿飙升至 1750 亿，也似乎证明了参数越大，AI 能力越强。因此，在 GPT-3 成功后，包括谷歌在内，都在竞相追逐做大模型，参数高达惊人的万亿甚至 10 万亿规模，掀起了一场参数竞赛。

但这个时候，反而是 GPT 系列的开发者冷静了下来，没有再推高参数，而是又用了近两年时间，花费重金，用人工标注大量数据，将人类反馈和强化学习引入大模型，让 GPT 系列能够按照人类价值观优化数据和参数。

可以说，作为一种 AGI，ChatGPT 的成功更是一种工程上的成功，证明了大模型路线的胜利。

2.3.3 大模型落地之困

虽然基于大模型技术路线的 AI 生成的快速发展让人们看到了 AGI 的希望，但实际上，当前的 AI 生成依然不是根本性的突破。

我们已经知道，今天的 AI 生成之所以能如此灵活，就在于其庞大的训练数据集。也就是说，如果没有根本性的创新，AGI 就可能会从更大规模的模型中产生。ChatGPT 就是将海量的数据与表达能力很强的 Transformer 模型结合，从而对自然语言进行了一个深度建模。尽管 ChatGPT 的相关数据并未被公开，但其上一代 GPT-3 的整个神经网络就已经有 1750 亿个参数了。

虽然越来越大的模型确实让 AGI 性能很强，但庞大的模型也带来了一些问题：一方面，世界上可能没有足够的可用计算资源支撑 AGI 规模最大化。随着数据的爆发和算力的高速发展，一个高能量的世界正在诞生，而与算力同时提升的，还有对电力的需求，毕竟，发展算力是件高耗能的事情。以 GPT-3 为例，GPT-3 的每次训练都要消耗巨量算力，需用掉约 19 万度电力、产生 85 万吨二氧化碳，可谓"耗电怪兽"。仅从量的方面看，根据不完全统计，2020 年全球发电量中，有 5% 左右用于计算能力消耗，而这一数字到 2030 年将有可能提高为 15%～25%。也就是说，计算产业的用电量占比将与工业等耗能大户相提并论。实际上，对于计算产业来说，电力成本也是除芯片成本之外的核心成本。

另一方面，在一些重要的任务上，大模型可能根本无法在规模上扩展，因为在没有认知模型和常识的情况下，大模型难以进行推理。Bard 是谷歌版 ChatGPT，而谷歌在发布 Bard 时，就在首个在线演示视频中犯了一个事实性错误：Bard 回答了一个关于詹姆斯·韦伯太空望远镜新发现的问题，称它"拍摄了太阳系外行星的第一批照片"。这是不正确的。有史以来第一张关于太阳系以外的行星，也就是系外行星的照片，是在 2004 年由智利的甚大射电望远镜拍摄的。

　　一位天文学家指出，这一问题可能是因为人工智能误解了"美国国家航空航天局（Nasa）低估了历史的含糊不清的新闻稿"。谷歌 Bard 所犯的错误也强调了由人工智能驱动的搜索的一个更大的问题，即人工智能可以自信地犯事实错误并传播错误信息——它们并不"理解"自己转述的信息，而是根据概率进行猜测。实际上，不仅仅是谷歌，微软也承认 ChatGPT 基于聊天的服务也面临类似的挑战——如果模型只是学会了语法和语义，但是在语用或常识推理方面失败了，那么我们可能根本就无法获得可信任的 AGI。

2.4 奇点隐现，未来已来

在数学中，"奇点"（singularity）被用于描述正常的规则不再适用的类似渐近线的情况。在物理学中，奇点则被用来描述一种现象，如一个无限小、致密的黑洞，或者在大爆炸之前被挤压到的那个临界点，同样是通常的规则不再适用的情况。

1993 年，弗诺·文格（Vernor Vinge）写了一篇文章，他将"奇点"这个词用于未来我们的智能技术超过我们自己的那一刻——对他来说，在那一刻之后，我们所有的生活将被永远改变，正常规则将不再适用。

现在，随着 ChatGPT 的爆发，我们似乎已经站在了技术奇点的前夜。

2.4.1 AI 超越人类只是时间问题

事实上，AI 最大的特点就在于，它不属于某一特定行业的颠覆性技术，是互联网领域的一次变革，同时还是作为一项通用技术成为支撑整个产业结构和经济生态变迁的重要工具之一，它的能量可以投射在几乎所有行业领域中，促进其产业形式转换，为全球经济增长和发展提供新的动能。自古暨今，从来没有哪项技术能够像人工智能一样引发人类无限的畅想。

由于 AI 不是一项单一的技术，其涵盖面极其广泛，而"智能"二字所代表的意义又几乎可以代替所有的人类活动，即使是仅仅停留在人工层面的智能技术，可以做的事情也大大超过人们的想象。

事实上，AI 已经覆盖了我们生活的方方面面。从垃圾邮件过滤器到叫车软件，我们日常打开的新闻是人工智能做出的算法推荐；网上购物时，首页上显示的是 AI 推荐的用户最有可能感兴趣、最有可能购买的商品；从操作越来越简化的自动驾驶交通工具，到日常生活中的面部识别上下班打卡制度……有的我们深有所感，有的则悄无声息浸润在社会运转的琐碎日常中。而当前我们所经历的一切，都还处于ANI 阶段，即我们生活中所有的 AI 产品还只能执行单一任务。

但 ChatGPT 的出现与爆发，却将 AI 推向了一个真正的应用快车道。虽然当前的时代已经因为 AI 有了极大的改变，但 ANI 产品依然有许多局限性及"不智能"之处。比如，在 ChatGPT 出现之前，我们与人工智能客服根本无法愉快地聊天，更谈不上正常解决问题了。但ChatGPT 却具备了类人的逻辑能力，而我们当前与它的对话，都还只是其停留于 2021 年数据更新的阶段。

更何况，许多重复性的语言文字工作，其实根本不需要运用复杂的逻辑思考或顶层决策判断。比如，接听电话或者处理邮件，帮助客户订旅馆、订餐的语言文字工作，根据固定格式把数据、信息填入合同、财报、市场分析报告、事实性新闻报道内，在现有文字材料里提炼大纲、梳理要点，将会议的实时文字记录提炼成会议简报，撰写一些流程性、程式化文章等。这些都是可以基于 ChatGPT 或其他大模型产品应用的工作场景。

不仅如此，根据用户所给出的特定指令，或者用户的消费行为数据，在预订酒店的时候，ChatGPT 就能根据用户的偏好与实际情况，包括消费能力，直接筛选出最优的结果并且执行。而当前的信息平台，只是根据用户的需求情况搜索与罗列出相关的信息，无法给出一个特定的最优结果。

总体来说，当前，ChatGPT 已经让我们看到了它的创造性——无论是 AI 对话、AI 写文章还是 AI 作画，大规模预训练模型固有的非确定性、发散性、天马行空的特点，恰好可以成为激发人类灵感的好帮手。未来，需要创作广告文案或商业展示的市场工作，需要发散性地探索不同故事路线的电影编剧工作，需要极大丰富视觉感受的游戏场景设计工作，或许都将充满 ChatGPT 的身影。

李开复曾经提过一个观点——思考不超过 5 秒的工作，在未来一定会被 AI 取代。现在来看，在某些领域，ChatGPT 已远远超过"思考 5 秒"这个标准了，并且，随着它的持续进化，加上强大的机器学习能力，以及在与人类互动过程中的快速学习与进化，在人类社会所有具有规律与规则的工作领域中，AI 取代与超越我们只是时间问题。

2.4.2　技术奇点的前夜

人类的进步正在随着时间的推移越来越快——这是未来学家雷·库兹韦尔所说的人类历史的加速回报定律（Law of Accelerating Returns）。发生这种情况是因为先进的社会有能力比欠发达的社会进步更快。19 世纪的人类比 15 世纪的人类知道得更多，技术也更好，因此，19 世纪的人类取得的进步比 15 世纪的要大得多。

比如，在 1985 年上映的电影《回到未来》中，"过去"发生在 1955年，当男主人公回到 1955 年时，当时对电视的新奇、苏打水的价格、刺耳的电吉他，以及俚语的变化让他措手不及。那是一个不同的世界。但如果这部电影是在今天拍摄的，"过去"发生在 1993 年，或许是另一番景象——失去移动互联网会令我们更加不适应，更加与 1993 年的时代格格不入。这是因为 1993 年至 2023 年的进步速度高于 1955年至 1985 年的进步速度，前者是一个更先进的世界 ——最近 30 年发生的变化比之前 30 年要多得多。

雷·库兹韦尔说："在前几万年，科技增长的速度缓慢到一代人看不到明显的结果；在最近一百年，一个人一生内至少可以看到一次科技的巨大进步；而从 21 世纪开始，每三到五年就会发生与此前人类有史以来科技进步的成果总和类似的变化。"总而言之，由于加速回报定律，雷·库兹韦尔认为，21 世纪将取得是 20 世纪的 1000 倍的进步。

事实的确如此，科技进步的速度甚至已超出个人的理解能力极限，而诞生于科技迅速更迭时代的 ChatGPT 更是具有无限的潜力。

2016 年 9 月，AlphaGo 打败欧洲围棋冠军之后，多位行业专家都认为 AlphaGo 要进一步打败世界冠军李世石的希望不大。但结果是，仅仅 6 个月后，AlphaGo 就轻易打败了李世石，并且在输了一场之后再无败绩，这种进化速度让人瞠目结舌。

现在，AlphaGo 的进化速度或许会在 ChatGPT 的身上再次上演。ChatGPT 是基于 OpenAI 的 GPT-3.5 的模型创建的。自 2018 年开始，GPT-1、GPT-2、GPT-3 的参数分别为 1.17 亿、15 亿、1750 亿，这是一个指数级的增长。GPT-4 的性能更加强大，能够处理超过 25 000 个单词的文本。

虽然现阶段的 ChatGPT 有诸多局限性，还不是一款完美的 AI 产品，但不能否认 ChatGPT 的重要意义——人类社会讨论了多年的人工智能，终于向设想中的人工智能模样发展了。

奇点隐现，而未来已来。正如有着"硅谷精神之父"之称的凯文·凯利（Kevin Kelly）对 ChatGPT 的评价：从第一个聊天机器人（ELIZA，1964 年）诞生到出现真正有效的聊天机器人（ChatGPT，2022 年）只用了 58 年。所以，我们不要认为距离近视野就一定清晰，同时也不要认为距离远就一定不可能。

ChatGPT 所引发的人工智能时代序幕已经被正式拉开，未来将超出我们的想象。

第3章

ChatGPT
商业激战

3.1 OpenAI：从非营利组织，到独角兽公司

ChatGPT 一夜蹿红，使其母公司 OpenAI 备受关注。

实际上，在 ChatGPT 问世前，OpenAI 还处于亏损状态。2022 年，OpenAI 净亏损 5.4 亿美元。并且随着用户增多，算力成本增加，损失还可能扩大。OpenAI 联合创始人兼 CEO 山姆·阿尔特曼于 2022 年 12 月，在推特上回应马斯克提出的成本问题时称，ChatGPT 每次的对话要花费几美分。

然而，ChatGPT 的爆红一下子打破了 OpenAI 亏损的僵局，展现出了极大的商业化潜力，OpenAI 的市场估值也随之暴涨，高至 290 亿美元，比 2021 年的 140 亿美元估值翻了一番，比七年前的估值则高了近 300 倍。

3.1.1 "ChatGPT 之父"的传奇人生

ChatGPT 的成功，离不开山姆·阿尔特曼。阿尔特曼被很多媒体形容为"年度出圈人物"，同时被称为"ChatGPT 之父"。

1985 年 4 月 22 日，阿尔特曼出生于美国伊利诺伊州芝加哥，在密苏里州圣路易斯长大。

阿尔特曼从小就展示出在计算机方面的天赋。8 岁时，阿尔特曼就有了一台个人计算机，并对编程产生了浓厚的兴趣。他还拆解过一部苹果 Macintosh，这台计算机成为他与世界的重要连接。比如，他发现美国在线服务的聊天室对信息获取和社交具有颠覆性的创新。

　　高中毕业后，阿尔特曼进入斯坦福大学，读计算机专业。他不愿专心读书，一心想要创业。大学二年级时，阿尔特曼和同学一起创立了 Loopt——一个与朋友分享地理位置信息的手机应用。2005 年，阿尔特曼和同学成功地成了第一批进驻 Y Combinator（简称 YC，美国著名创业孵化器）的创业团队，后来他选择辍学，全身心投入 Loopt。当时，基于地理位置的服务非常热门，阿尔特曼幸运地获得红杉资本的投资，四年间拿到了五轮融资，一共筹集了 3910 万美元。然而，Loopt 一直未能吸引足够多的消费者。

　　2009 年 10 月，阿尔特曼以 4300 万美元的价格出售 Loopt，他由此得到了 500 万美元的回报。阿尔特曼并没有马上启动下一次创业，而是休息了一年多。在那一年里，阿尔特曼学习了很多领域的知识，如核工程、人工智能、合成生物学，为他后续的创业带来了极为深远和重要的影响。

　　2011 年，阿尔特曼开始在 YC 兼职。他创立了一个小型风投基金 Hydrazine Capital，募集而来的基金的 75% 都投向了 YC 的公司。事实证明，阿尔特曼善于投资。比如，阿尔特曼曾领投了 Reddit 这个长期混乱无序的公司的 B 轮融资，并担任过 8 天的 CEO，然后请回了 Reddit 的创始人任 CEO。由于 YC 孵化项目的高成功率，阿尔特曼的策略大获成功。仅仅四年，Hydrazine Capital 的市值就翻了 10 倍。

　　2014 年，阿尔特曼被任命为 YC 继创始人保罗·格雷厄姆之后第二任董事长，成为硅谷知名人物。阿尔特曼同时是 OpenDoor、Postmates、RapidAPI 等多家公司的董事会成员或顾问，他曾帮助这些公司获得数千万美元的投资，并在帮助它们成功上市方面发挥了重要作用。阿尔特曼还是卡内基梅隆大学高级研究员，并发表过多篇有关科技创新和创业的文章。

阿尔特曼在创业、投资和科技领域都有着丰富的经验，并因其出色的才能而备受赞誉。2015 年，阿尔特曼入选了《福布斯》"30 位 30 岁以下风险投资人"榜单。也是在这一年，阿尔特曼与特斯拉的 CEO 马斯克联合创办了非营利组织——OpenAI。

3.1.2 成立非营利组织

很少有人能想到，今天的独角兽公司 OpenAI 一开始只是一个非营利组织。而 OpenAI 的成立，充满了戏剧性。

2014 年，谷歌以 6 亿美元收购 DeepMind，后者是首家最有可能率先开发出通用 AI 的公司。马斯克曾说，如果人类开发的人工智能产生了偏差，将会出现一个永生的超级强大的"独裁者"。也就是说，如果 DeepMind 成功了，可能会垄断这项技术。因此，马斯克等人认为，需要组建一个与谷歌竞争的实验室，于是，非营利组织 OpenAI 诞生了。

2015 年 12 月，募集了 10 亿美元资金的 OpenAI 在美国旧金山成立，主要赞助者有特斯拉的创始人马斯克、全球在线支付平台 PayPal 的联合创始人彼得·蒂尔、Linkedin 的创始人里德·霍夫曼、YC 总裁阿尔特曼、Stripe 的 CTO 布罗克曼，以及一些机构如 YC Research、阿尔特曼创立的基金会、印度 IT 外包公司 Infosys 及亚马逊云科技。

而 OpenAI 成立的使命就是实现通用 AI，打造一个具备人的心智、具有学习和推理能力的机器系统。成立以来，OpenAI 一直从事 AI 基础研究，然而，很快，OpenAI 的创立者们发现，单有想要造福人类的理想远远不够——保持非营利性质无法维持组织的正常运营，因为想要取得科研突破，所需要消耗的计算资源每 3～4 个月要翻一番，这就要求在资金方面与这种指数级增长进行匹配，而 OpenAI 受当时非营利性质所限，远远没达到"自我造血"的程度。"烧钱"的问题同时在 DeepMind 身上显现。被谷歌收购后，DeepMind 短期内并没有为谷歌营利，反而每年要"烧掉"几亿美元。DeepMind 2016 年亏损1.27 亿英镑，2017 年亏损 2.8 亿英镑，2018 年的亏损则高达 4.7 亿英镑。

为解决资金的问题，2019 年 3 月，阿尔特曼卸任 YC 总裁转为YC 董事长，同时出任 OpenAI 的 CEO，将更多的精力放在 Open AI。在阿尔特曼的推动下，OpenAI 成立了一个受限制的营利实体——OpenAI LP，这种营利性和非营利性的混合体被 OpenAI 称为"利润上限"。

根据 OpenAI 在 2019 年 3 月的声明，如果 OpenAI 能够成功完成其使命——确保通用 AI 造福全人类，那么投资者和员工可以获得有上限的回报。在这个新的投资框架下，第一轮的投资者回报上限被设计为不超过 100 倍，此后轮次的回报将会更低。这是一种不同寻常的结构，将投资者的回报限制在其初始投资的数倍。从这个时间节点开始，OpenAI 被官方定义为特指"OpenAI LP"，即 OpenAI 的营利实体，而非原先的非营利实体"OpenAI Nonprofit"，后者法定名为 OpenAIInc.。同时，OpenAI 受到非营利实体 OpenAI Inc. 董事会的监督，以此解决对计算、资金及人才的需求，超额回报将捐给 OpenAI 的非营利实体所有。

3.1.3　接受投资，携手微软

2019 年 7 月，重组后的 OpenAI 获得了微软的 10 亿美元投资，从此告别了"单打独斗"。也是从这时候起，OpenAI 开始与微软绑定，微软除了完成于 2019 年对 OpenAI 承诺的 10 亿美元投资，还完成了 2021 年对 OpenAI 承诺的投资。

实际上，资金投入仅是微软与 OpenAI 合作的第一层次，两者的合作是一场双赢。

一方面，OpenAI 亟须算力投入和商业化背书。为拉动微软入局，阿尔特曼做了不少努力。在接管 OpenAI LP 后，阿尔特曼多次飞往西雅图与微软 CEO 萨提亚·纳德拉交谈；另一方面，作为谷歌的直接竞争对手，在谷歌不断加码 AI 的同时，微软的 AI 技术商业化应用方面日渐式微，尤其是在 2016 年推出 Tay 聊天机器人受挫后，微软在 AI 技术商业化应用方面及基础研究层面都没有具备广泛影响力的产出，亟须寻求技术突破，以重获 AI 竞争力。

2019 年，微软首次注资 OpenAI 后，这笔资金被用来加速通用 AI 的开发与商业化。同时，OpenAI 将微软的 Azure 作为其独家云计算供应商，双方一同开发新的技术与功能。有报道指出，OpenAI 每年在微软云服务上训练模型的花费约为 7000 万美元，构成了微软向 OpenAI 投资的重要部分。微软成为 OpenAI 技术商业化的"首选合作伙伴"，未来可获得 OpenAI 技术成果的独家授权，而 OpenAI 则可借助微软的 Azure 云服务平台解决商业化问题，缓解高昂的成本压力。

有了微软云的加持，OpenAI 算力的能力和底气日渐增长，第一个突破性成果 GPT-3 随之于 2020 年问世。同年，微软买断了 GPT-3 基础技术的独家许可，并获得了技术集成的优先授权，将 GPT-3 用于 Office、搜索引擎 Bing 和设计应用程序 Microsoft Design 等产品中，以优化现有工具，改进产品功能。

2021 年，微软再次投资 OpenAI。这一次，微软作为 OpenAI 的独家云提供商，在 Azure 中集中部署 OpenAI 开发的 GPT、Dall-E、CodeX 等各类工具。这也形成了 OpenAI 最早的收入来源——通过 Azure 向企业提供付费 API 和 AI 工具。与此同时，拥有 OpenAI 新技术商业化授权，微软开始将 OpenAI 工具与自有产品进行深度集成，并推出相应的产品。比如，2021 年 6 月，基于 CodeX，微软联合 OpenAI、GitHub 推出了 AI 代码补全工具 GitHub Copilot。该产品于 2021 年 6 月正式上线，用户以月付费 10 美元或年付费 100 美元的形式获取服务。

进入 2023 年，随着 ChatGPT 的爆发，OpenAI 与微软再次宣布扩大合作。据 The Information 报道，微软对 OpenAI 的投资将高达 100 亿美元，作为回报，在 OpenAI 的第一批投资者收回初始资本后，微软将有权获得 OpenAI 75% 的利润，直到收回其投资的 130 亿美元。在 OpenAI 赚取 920 亿美元的利润后，微软分得利润的份额将降至 49%。与此同时，其他风险投资者和 OpenAI 的员工也将有权获得 OpenAI 49% 的利润，直到他们赚取约 1500 亿美元。如果达到这些上限，微软和投资者的股份将归还给 OpenAI 的非营利基金会。本质上，OpenAI 是在把公司借给微软，借多久取决于 OpenAI 赚钱的速度。这意味着，微软和 OpenAI 的进一步深度绑定。

据美国《财富》杂志报道，2022 年，OpenAI 公司的收入还不到

3000 万美元，而净亏损总额却高达 5.45 亿美元（不含员工股票期权）。而 ChatGPT 的发布还可能快速增加 OpenAI 的亏损。阿尔特曼于 2022 年 12 月在推特上称，ChatGPT 每次的对话要花费几美分。

3.1.4　边亏损边成长

虽然直到今天，OpenAI 还处于一直"烧钱"、一直亏损的阶段，但不可否认，自 OpenAI 成立以来，其在 AI 领域的突破是前所未有的。

2018 年 6 月 11 日，OpenAI 公布了一个在诸多语言处理任务上都取得了成果的算法，这就是第一代 GPT，即 OpenAI 大语言模型的探索性先驱。

也是在 2018 年 6 月，OpenAI 宣布 OpenAI Five 已在《刀塔 2》游戏中击败了人类业余团队。OpenAI Five 使用了 256 块 P100 GPU 和 128000 个 CPU 内核，每天以玩 180 年时长的游戏来训练模型。在 2018 年 8 月的专业比赛中，OpenAI Five 输掉了 2 场与顶级选手的比赛，但是比赛的前 25～30 分钟，OpenAI Five 的模型有着十分良好的表现。OpenAI Five 继续发展并在 2019 年 4 月 15 日宣布打败了当时的《刀塔 2》世界冠军。

2019 年 2 月 14 日，OpenAI 官宣 GPT-2 模型。GPT-2 模型有 15 亿个参数，基于 800 万个网页数据训练。GPT-2 就是 GPT 的规模化结果，以 10 倍以上的参数量训练。4 月 25 日，OpenAI 公布研究成果 MuseNet，这是一个深度神经网络，可以用 10 种不同的乐器生成 4 分钟的音乐作品，并且可以结合从乡村音乐到披头士音乐的风格。这是 OpenAI 将生成模型从自然语言处理领域拓展到其他领域的开始。

2020 年 5 月 28 日，OpenAI 的研究人员正式公布了 GPT-3 相关的研究结果，这也是当时全球最大的预训练模型，参数高达 1750 亿。相较于 GPT-2，GPT-3 的模型能力得到了显著提升，易用性、安全性有了明显改进，在文案写作和总结、翻译、对话等任务中的表现都更加优异。6 月 17 日，OpenAI 发布了 Image GPT 模型，将 GPT 成功引入计算机视觉领域，在当时取得了很好的成绩。

2021 年 1 月 5 日，OpenAI 发布了 CLIP。CLIP 能有效地从自然语言监督中学习视觉概念。CLIP 可以应用于任何视觉分类基准，只需提供要识别的视觉类别的名称，类似于 GPT-2 和 GPT-3 的 "zero-shot"能力。同一天，OpenAI 发布了 Dall-E 模型，这也是一个具有影响力的模型。Dall-E 是一个基于 120 亿个参数的 GPT-3 版本，它被训练成使用文本-图像对的数据集，从文本描述中生成图像。Dall-E 可以创造动物和物体的拟人化版本，以合理的方式组合不相关的概念，渲染文本，对现有图像进行转换。

2021 年 8 月 10 日，OpenAI 发布了 CodeX。OpenAI CodeX 是 GPT-3 的 "后代"，它的训练数据既包含自然语言，还包含数十亿行公开的源代码，以及 GitHub 公共存储库中的代码。OpenAI CodeX 就是 GitHub Copilot 背后的模型。

2022 年 1 月 27 日，OpenAI 发布了 InstructGPT。这是比 GPT-3 更好地遵循用户意图的语言模型，同时也让它们更真实。4 月 6 日，Dall-E 2 发布，其效果比第一个版本更加逼真，细节更加丰富且解析度更高。在 Dall-E 2 正式开放注册后，用户数高达 150 万，这一数字在一个月后翻了一倍。6 月 23 日，OpenAI 在大量无标签视频数据集上训练了一个神经网络来玩《我的世界》，同时只使用了少量的标签数据。通过微调，该模型可以学习制作"钻石"工具，这项任务通常需要熟练玩家花费超过 20 分钟。它使用了人类原生的按键和鼠标运动界面，使其具有相当的通用性，并代表着向通用计算机迈出了一步。9 月 21 日，OpenAI 发布了 Whisper，这是一个语音识别预训练模型，支持多种语言，在英语语音识别方面接近人类水平。最重要的是，相较于不开源成果的其他模型，这是一个完全开源的模型，而其参数量仅 15.5 亿。

2022 年 11 月 30 日，OpenAI 发布了 ChatGPT。ChatGPT 的诞生彻底点燃了人工智能赛道，也让人们认识到 ChatGPT 母公司 OpenAI 的强大实力。

3.1.5　高估值背后的底气

ChatGPT 已经成为人工智能领域的"黑马"。微软准备对 OpenAI 加码 100 亿美元的投资，直接把 OpenAI 的市场估值推至 290 亿美元的高位。订阅费、API 许可费、与微软深度合作所产生的商业化收入等，是目前 OpenAI 主要的收入来源。

从订阅费来看，北京时间 2023 年 2 月 2 日，OpenAI 公司宣布推出付费试点订阅计划 ChatGPT Plus，定价为每月 20 美元。付费版功能包括高峰时段免排队、快速响应及优先获得新功能和改进等。当然，OpenAI 方面仍将提供 ChatGPT 的免费访问权限。OpenAI 负责人 Natalie 在公告中称，即使在需求很高时，ChatGPT Plus 也能提供可用性、更快的响应速度及对新功能的优先访问权。OpenAI 表示，从美国开始，该公司将逐步向所有用户推出付费订阅方案。

　　而仅仅是订阅费，都将是 OpenAI 一笔可观的收入。要知道，ChatGPT 仅用 2 个月时间，就达到了 1 亿 MAU（月活跃用户数量）的惊人数字。如果用最低的收费标准来看，假设有 10% 的人愿意在之后付费使用，就能给 OpenAI 带来 24 亿美元的潜在年收入。而 OpenAI 旗下另一个文字转图像的 Dall-E 应用，在 2022 年 9 月时就已经拥有 150 万 MAU，其更为专业的使用场景给了人们很大的想象空间。

　　API 许可费则将 GPT-3 等模型开放给其他商业公司使用，根据用量收取费用。通过整合以 GPT-3 为主的多个大型自然语言模型，获得创业优势，最为成功的案例是 AI 写作独角兽公司 Jasper AI。该公司的产品在业内受到广泛认可，谷歌、Airbnb、Autodesk、IBM 都是其客户。Jasper AI 在 2022 年实现年收入 7500 万美元，2022 年 10 月 19 日完成 1.25 亿美元的 A 轮融资，市场估值达到了 15 亿美元，这距离其产品上线仅用了 18 个月时间。

　　全球最大的开源代码托管网站 GitHub 与 OpenAI 基于 GPT-3 合作打造的一款 AI 辅助编程工具——Copilot，在 2022 年 6 月开始收费后第一个月便拥有了 40 万订阅人数，用户付费率为 1/3，远高于一般的生产力软件。可以看出，仅仅是基于 API 许可费的渠道收入，也依然存在非常大的潜在市场空间。

　　此外，OpenAI 与微软的深度合作，则是商业化的另一大重点。OpenAI 和微软都认为，曾经的非营利性实验室现在已经有可用来出售的产品，商业化路径必不可少。

　　2023 年 2 月 1 日，微软在旗下工作协同软件 Teams 中推出高级服务，嵌入 ChatGPT 功能，可以自动生成会议笔记、推荐任务和个性化重点内容，并自动以话题为单位，将会议视频分为多个单元。用户即使错过会议，也能获得个性化的重要信息。Teams 高级服务的价格为 7 美元／月。

2023 年 2 月 8 日，微软宣布由 ChatGPT 和 GPT-3.5 提供支持的全新搜索引擎 Bing 和 Edge 浏览器正式亮相。微软市值也因此在一夜之间涨超 800 亿美元，达到 5 个月来的新高。13 年来，微软一直使出浑身解数，试图与谷歌竞争搜索引擎市场，但 Bing 的全球市场份额一直保持在较低的个位数——谷歌拥有 90% 以上的市场份额，而 Bing 只占有微不足道的 3%。但 ChatGPT 的发布与火爆，将改变这一局面。

面对 ChatGPT 成为人工智能的现象级产品之后，OpenAI 的目标是让未来的 AI 大模型超越人的智能。业内预测，GPT-4 的规模会达到 100 万亿个参数。相比而言，每个人类大脑有 1000 亿个神经元、100 万亿个突触。也就是说，下一代 AI 大模型的参数量已经与人类大脑的突触数齐平。而 GPT-4 一旦进入一个更高变量的突变之后，将表现得更加智能。

即使当下，OpenAI 仍是一家亏损中的创业公司，但 OpenAI 将行业领先的 GPT 自回归语言模型拓展至商业化领域，其收入将快速增长。媒体预测，OpenAI 于 2023 年收入约 2 亿美元，2024 年收入预计超过 10 亿美元。OpenAI 并未预测其支出的增长情况及何时能够扭亏为盈，但 OpenAI 潜在的商业化能力，已经让顶尖互联网科技公司感到压力。

3.2　微软：与 ChatGPT 深度绑定

凭借与 ChatGPT 的深度绑定，微软成为时下的赢家，风头一时无两。

3.2.1　搜索引擎之争

对微软来说，当前最大的收获可能就在于搜索业务。

北京时间 2023 年 2 月 8 日凌晨，微软正式推出由 ChatGPT 支持的最新版本 Bing 搜索引擎和 Edge 浏览器，新版 Bing 将以类似 ChatGPT 的方式，回答具有大量上下文的问题。微软 CEO 萨提亚·纳德拉表示，"AI 将从根本上改变所有软件，并从搜索这个最大的类别开始"，并称这是"搜索的新一天"，"比赛从今天开始"。

具体来看，根据微软官网信息，如果想更快地访问新版 Bing，需要登录微软账户，并默认及下载 Bing（英文版）移动程序。结合了 ChatGPT 的新版 Bing，具有两种搜索模式，一种模式是将传统搜索结果与 AI 注释并排显示。借助新版 Bing，用户可以输入最多 1000 个单词的查询，并接收带有注释的 AI 生成答案，这些答案将与来自网络的常规搜索结果一起出现；另一种模式是让用户直接与 ChatGPT 对话，Bing 通过进一步优化答案，缩小范围，提供更加贴合用户需求的答案。

预计微软将向数百万用户提供访问权限，并推出该体验的移动版本。当用户通过候补名单时，会收到一封电子邮件，即可成功体验新版 Bing。

阿尔特曼还证实，这一微软产品使用的是升级版的 AI 语言模型"普罗米修斯"（Prometheus），比 ChatGPT 目前使用的 GPT-3.5 功能更强大。这意味着，新版 Bing 聊天机器人可以向消费者简要介绍时事，这比 ChatGPT 仅限于 2021 年的数据答案更进一步。

这是一个全新的产品形态，意味着搜索引擎不再仅仅是搜索引擎，而是更具有个性化。比如，当你想要一份以减脂和增肌为主题的饮食计划时，可以在搜索引擎的聊天框中输入自己的喜好，如不喜欢芹菜、不想要坚果、热量保持在 800 大卡以内，那么就会得到一份符合自己需求的饮食清单。这只是个性化的一个日常案例，但传统的搜索引擎不具备这样的定制功能。而现在，内置了 ChatGPT 的 Bing 不仅能帮助用户获得信息，还能让用户更加高效且精准地获得信息。

对产品形态进行升级，以及内置了 ChatGPT 的 Bing 意在对搜索引擎市场发起冲击。根据 StatCounter 数据，2023 年 1 月，谷歌在全球搜索引擎市场中占据的份额高达 92.9%，Bing 只占有 3.03%。在美国搜索引擎市场中，谷歌的份额达 88.11%，Bing 只占有 6.67%。过去十年，谷歌在美国搜索引擎市场的份额从 81% 增长到 88%，排在第二位与第三位的 Bing 与雅虎则日益萎缩，后两者的衰退，在 ChatGPT 大火之前来看，似乎是难以遏制的。

截至 2022 年 6 月的一个财年中，微软的 Bing、MSN 和其他新闻产品共实现 116 亿美元的广告收入，同比增长 25%。其中，Bing 的广告业务贡献了大部分收入。相比之下，谷歌搜索在同一时期产生的收入，至少是 Bing 的 10 倍。2021 年，广告业务为谷歌挣了 2080 亿美元，占谷歌母公司 Alphabet 总收入的 81%。

局面已然改写。面对"Bing+ChatGPT",谷歌越晚应对,就意味着可能会有越来越多的用户流向微软,流向 Bing,流向更加个性化的定制。传统搜索引擎的核心是在海量信息中进行检索和集合,而非信息创造。但"Bing+ChatGPT"这种"AI 生成内容"的全新产品形态,必然形成对行业的革新。

除搜索外,微软还更新了 Edge 浏览器,将 ChatGPT 版 Bing 推广至其他浏览器。当然,这将加剧微软 Edge 浏览器与谷歌浏览器的竞争。微软表示,在新版 Edge 浏览器中,Bing 的 AI 功能可以提供更好的搜索、更完整的答案、全新的聊天体验和生成内容的能力,还可以呈现财务结果或其他网页的摘要,旨在让用户不必理解冗长或复杂的文档。

不只是搜索引擎市场的份额,对于科技企业来说,数据就是生命,就如同做硬件的厂商都想在手机这个领域分一杯羹一样,搜索引擎无疑就是那个连接每一个用户、能够生成海量数据和信息的源头活水。可以说,ChatGPT 搅动的已然不是简单的搜索引擎之争,更是一场庞大的数据和信息之争。而现在,微软已经占得先机。

3.2.2　AI 革命的潮头

微软除了将 ChatGPT 整合进 Bing 搜索引擎外,还宣布旗下所有产品将全线整合 ChatGPT,包括 Office 全家桶、Azure 云服务、Teams 聊天程序等。比如,提升 Microsoft Office Word 中的自动完成功能,增强 Outlook 中的邮件搜索结果,从而进一步提升 Office 的市场份额;在此之前,微软已将 OpenAI 发布的 Dall-E 2 文本到图像生成模型集成到了 Azure OpenAI 服务、Microsoft Designer 应用及 Bing Image

Creator 中，用户可以通过描述行提示词生成 AI 图像。

2023 年 2 月 2 日，微软旗下的 Dynamics 365 产品线（ERP+CRM 程序）宣布，其客户关系管理软件 Viva Sales 将集成 OpenAI 的技术，通过 AI 帮助销售人员完成许多繁杂且重复的文字工作。具体来说，通过新上线的"GPT"功能，Outlook 邮件应用能够自动生成对客户报价、询价、提供折扣等常见请求的回复信件，并能由销售人员自定义关键词让 AI 写邮件。

在此之前，微软宣布将通过 OpenAI 和 ChatGPT 为市场提供工具和基础设施，这意味着 OpenAI 或将开放 ChatGPT 的 API 接口，通过技术开放，让市场快速补齐 AI 基础设施、模型和工具链。有消息称，微软可能会在 2024 年问世的全新 Win12 操作系统中接入大量 AI 应用，彻底颠覆 Win11 及之前的系列操作系统。

随着世界继续被 AI 所改变，这次微软和 OpenAI 的结合可能只是一个开始。

3.3　谷歌：如何应对 ChatGPT 狂潮

2022 年，市值 1.4 万亿美元的谷歌，从搜索引擎业务板块获得了 1630 亿美元的收入，在搜索引擎领域保持了高达 91% 的市场份额——直到 ChatGPT 出现。曾经有很多对手试图与谷歌正面竞争，但他们都失败了。然而，2022 年底，OpenAI 的 ChatGPT 横空出世，使谷歌直接拉响了"红色代码"警报，随后，谷歌一面加大投资，另一面紧急推出对标 ChatGPT 的产品。

ChatGPT 给谷歌带来了怎样的冲击？谷歌又会如何应对这场猝不及防的对战呢？

3.3.1　被挑战的搜索引擎之王

曾经，谷歌搜索被认为是一个无懈可击且无法被替代的产品——它的营收状况非常耀眼，占据了市场领先地位，并且得到了用户的认可。

这当然离不开谷歌搜索引擎背后的技术，其工作原理就是结合使用算法和系统对互联网上数十亿个网页和其他信息进行索引和排名，并为用户提供相关结果以响应他们的搜索查询。

在抓取和索引方面，谷歌使用自动机器人来扫描互联网并查找新的或更新的网页。每个页面的信息都存储在谷歌的索引中，这是一个包含数十亿个网页的庞大数据库。当用户执行搜索时，谷歌会使用一组算法来确定其索引中每个网页与用户查询的相关性，通过查看页面内容、用户位置和搜索历史，以及链接到该页面的其他页面的相关性等因素来确定。根据每个页面的相关性，谷歌为每个页面计算一个"排名"，并使用它来确定页面在搜索结果中的显示顺序。排名计算中最重要的部分就是 PageRank 算法，它根据链接的数量和质量为相应的页面分配一个排名。

传统的搜索引擎往往是检查关键字在网页上出现的频率。PageRank 技术则把整个互联网当作一个整体对待，检查整个网络链接的结构，并确定哪些网页的重要性高。具体来说，如果很多网站上的链接都指向页面 A，那么页面 A 就比较重要。PageRank 对链接的数目进行加权统计，对于来自重要网站的链接，其权重也较大。这种算法是完全没有任何人工干预的，厂商不可能用金钱购买网页的排名。最后，根据计算出的排名，谷歌生成相关结果列表，并以搜索结果页面的形式呈现给用户。结果按相关性排序，最相关的结果排在最前面。

PageRank 算法使谷歌能够提供比其竞争对手更好、更精确的结果，这证明了谷歌的技术实力，并且在谷歌的发展壮大中发挥着巨大作用。这种在当时非常敏锐的技术，带来了卓越的产品——谷歌不仅是最为有用的搜索引擎，也是快速且直观的。比如，其他搜索引擎允许广告商在发布的信息中使用图片，而谷歌不允许。很简单，图片会降低网页的加载速度，损害用户体验。

然而，ChatGPT 让搜索引擎不只是搜索引擎，而是成为一种更具智慧且个性化的产品。使用 ChatGPT 的感觉像是，我们向一个智慧盒子输入需求，然后收到一个成熟的书面答复，这个答复不仅不受图像、广告和其他链接的影响，还会"思考"并生成它认为能回答你的问题的内容，这显然比原来的搜索引擎更具吸引力。

3.3.2　迎战 ChatGPT

ChatGPT 吸引了全世界的目光，也让谷歌感受到了危机。

在投资方面，2023 年 2 月 4 日，谷歌旗下云计算部门谷歌 Cloud 宣布，与 OpenAI 的竞争对手 Anthropic 建立新的合作伙伴关系，Anthropic 已选择谷歌云作为首选云提供商，为其提供 AI 技术所需的算力。据英国《金融时报》报道，为了这次合作，谷歌向 Anthropic 投资约 3 亿美元，获得了后者 10%的股份，新融资将使 Anthropic 的投后市场估值增至近 50 亿美元。

在产品方面，2023 年 2 月 7 日，谷歌 CEO 桑达尔·皮查伊宣布，谷歌将推出一款由 LaMDA 模型支持的对话式人工智能服务，名为 Bard。

皮查伊称，这是"谷歌人工智能旅途上重要的下一步"。他在博客文章中介绍：Bard 寻求将世界知识的广度与大语言模型的力量、智慧和创造力相结合。它将利用来自网络的信息，提供新鲜的、高质量的回复。皮查伊还表示，Bard 的使用资格将"先发放给受信任的测试人员，然后在后续几周内开放给更广泛的公众"。

虽然没有指名道姓，但 Bard 对话式 AI 服务的定位，很明显是谷歌为了应对 OpenAI 的 ChatGPT 而推出的竞争产品。而在搜索引擎中加入更多更强大的 AI 功能，应是为了对抗在 ChatGPT 加持下的微软搜索引擎 Bing。

2023 年 2 月 3 日的财报电话会议上，皮查伊表示，谷歌将在"未来几周或几个月"推出类似 ChatGPT 的基于人工智能的大语言模型。

谷歌的第 23 号员工、Gmail 的创始人保罗·布赫海特曾表示，谷歌将会在一两年内被彻底颠覆——当人们的搜索需求能够被封装好的、语义清晰的答案满足，搜索广告将会没有生存余地。而占据全球大部分搜索引擎市场的谷歌，仍然是一家 50% 的营收直接来自搜索广告的公司。

3.3.3　那条没有走的路

事实上，在 AI 领域，谷歌的实力不输于任何一家大型科技公司。2014 年，谷歌收购 DeepMind，曾被外界认为是一种双赢——谷歌将行业最顶尖的人工智能研究机构收入麾下，而"烧钱"的 DeepMind 也获得了雄厚的资金和资源支持。DeepMind 一直是谷歌的骄傲，它是世界领先的人工智能实验室之一，成立 13 年以来，交出的成绩单十分亮眼。

2016 年，DeepMind 开发的程序 AlphaGo 挑战并击败了世界围棋冠军李世石，相关论文登上了《自然》杂志的封面。许多专家认为，这一成就比预期的提前了几十年。AlphaGo 展示了赢得比赛的创造性，在某些情况下甚至找到了挑战数千年围棋智慧的下法。

2020 年，在围棋博弈算法 AlphaGo 大获成功后，DeepMind 转向了基于氨基酸序列的蛋白质结构预测，提出了名为 AlphaFold 的深度学习算法，并在国际蛋白质结构预测比赛 CASP13 中取得了优异的成绩。DeepMind 还计划发布总计 1 亿多个结构预测——相当于所有已知蛋白的近一半，是蛋白质数据银行（Protein Data Bank，PDB）结构数据库中经过实验解析的蛋白数量的几百倍之多。

在过去的半个多世纪里，人类一共解析了 5 万多个人源蛋白质的结构，人源蛋白质组里大约 17% 的氨基酸已有结构信息。而 AlphaFold 的预测结构将这一数字从 17% 大幅提高到 58%；因为无固定结构的氨基酸比例很大，58% 的结构预测几乎已经接近极限。这是典型的量变引起巨大的质变，而这一量变是在短短一年之内发生的。

2022 年 10 月，DeepMind 研发的 AlphaTensor 登上了《自然》杂志封面，这是第一个用于为矩阵乘法等基本计算任务发现新颖、高效、正确算法的 AI 系统。

此外，谷歌发明的 Transformer 算法是支撑 AI 模型的关键技术，也是 ChatGPT 的底层技术。最初的 Transformer 模型，一共有 6500 万个可调参数。谷歌大脑团队使用了多种公开的语言数据集来训练最初的 Transformer 模型。而且，谷歌大脑团队提供了模型的架构，任何人都可以用其搭建类似架构的模型，并结合自己的数据进行训练。也就是说，谷歌所搭建的人工智能 Transformer 模型是一个开源模型，或者说是一种开源的底层模型。

当时，谷歌所推出的这个初级的 Transformer 模型在翻译准确度、英语句子成分分析等各项评分上都达到了业内第一，成为当时最先进的大语言模型。ChatGPT 正是使用了 Transformer 模型的技术和思想，并在 Transformer 模型的基础上进行扩展和改进，以更好地适用于语言生成任务。

谷歌曾经也有机会开发出自己的"ChatGPT"——在聊天机器人领域，谷歌并非处于下风。在 2021 年 5 月的 I/O 大会上，谷歌的人工智能系统 LaMDA 一亮相就惊艳了众人。LaMDA 可以使问题的回答更加自然。另外，谷歌声称，自家模型 Imagen 的图像生成能力，要优于 Dall-E，以及其他公司的模型。不过，略显尴尬的是，谷歌的聊天机器人和图像模型，目前只存在于"声称"中，市场上还没有任何实际产品。

谷歌这样做，其实也不难理解。一方面，谷歌长期以来秉承的宗旨是，使用机器学习来改进搜索引擎和其他面向消费者的产品，并提供谷歌云技术作为服务。搜索引擎始终是谷歌的核心业务。另一方面，则是因为谷歌担心由于 AI 聊天机器人还不够成熟，可能会犯一些可笑的错误而给谷歌带来"声誉风险"，同时，谷歌担心能精准回答用户的聊天机器人，反而会颠覆公司当前的核心业务即搜索，从而蚕食公司利润丰厚的广告业务。相对于谷歌而言，ChatGPT 的创业团队没有商业的历史包袱，追求的目标比较纯粹，就是要在人工智能的文本处理与沟通这个方向上达到类人的程度，使技术与产品成为真正的可使用的智能化。

也许谷歌没料到 ChatGPT 之类的大语言模型，为商业带来的会是颠覆性创新。当颠覆性的产品变得越来越好，自然会给谷歌带来严峻的危机。在这样的情况下，谷歌宣布升级搜索引擎，让用户可以通过输入更少的关键词获得更多的结果。不过，对于谷歌面临的危机，Stability AI 的创始人易马德·莫斯塔克评论称，谷歌仍然是大语言模型（LLM）领域的领导者，在 AIGC 的创新上，他们是一支不可忽视的力量。

3.4　苹果：基于 AIGC 的发展

在微软拥抱 ChatGPT 之后，除谷歌率先展开防御动作外，其他的互联网科技巨头也分别做出了行动。苹果作为全球市值第一的科技股，公司 CEO 蒂姆·库克在 2023 年 2 月 3 日财报电话会议上表示：AI 是苹果布局的重点，这项技术能够为苹果的碰撞检测、跌倒检测及心电图功能的产品赋能。

库克强调，AI 是一项横向技术，而不是纵向技术，因此它将影响苹果所有的产品和服务。一直以来，苹果也是如此做的。

3.4.1　AIGC 的无限可能

ChatGPT 的横空问世，让人们看到了 AIGC 的无限可能——ChatGPT 就是典型的 AIGC 文本生成落地案例。而苹果在此前就已经基于 AI 文生图工具 Stable Diffusion 进行了二次开发。Stable Diffusion 不仅开源，而且模型出奇地小：刚发布时，它就已经可以在一些消费类显卡上运行；几周之内，它就被优化到在 iPhone 上运行了。

基于此，苹果的机器学习团队在 2022 年 12 月发布了一则公告，具体内容主要有两方面：一方面，苹果优化了 Stable Diffusion 模型本身——苹果可以这样做，因为它是开源的；另一方面，苹果更新了操作系统，得益于集成模式，苹果已经针对自己的芯片进行了调整。

与此同时，Stable Diffusion 本身可以内置到苹果的操作系统中，面向开发人员提供易于访问的 API。在 Apple Store 时代，苹果赢在生态优势，而小型独立应用程序制造商则拥有 API 和分销渠道来建立新的业务。虽然苹果设备上的 Stable Diffusion 不会占领整个市场，但内置的本地能力将影响集中式服务和集中式计算的最终可处理市场。

3.4.2　提高用户使用黏性的挑战

受 ChatGPT 的影响，叠加谷歌推出了其 AI 聊天机器人 Bard，给苹果等巨型科技公司们平添了不小的挑战与压力。就呈现给外界的 AI 成果来看，苹果在 AI & ML 方面似乎已经落后于谷歌、脸书、微软、亚马逊等竞争对手，这主要体现在 iPhone 内置的 Siri 智能语音助手产品上。Siri 智能语音助手可以说是苹果 AI 技术产品化最直接的呈现，并且经过了多年的用户使用与优化，目前还是经常被用户诟病，并且没有足够的用户使用黏性。

一项技术一旦没有足够的用户使用黏性，通常最直观的问题就是这类产品离用户的设想有比较大的偏差，或者是产品的使用体验不佳。而不佳的用户使用体验就会进一步降低用户的使用热情，从而使能够获取的训练数据变得越来越少。这就会导致 AI 产品的迭代进入恶性循环的模式，产品的优化升级速度会变得越来越慢，这正是目前苹果 Siri 智能语音助手所面临的困境。

因此，业内有一种说法，认为苹果在人工智能领域属于"后来者"。库克也认识到了 AI 对于一家科技公司在这个时代的重要性以及苹果的差距，在想办法进行修正。据报道，苹果于 2023 年 2 月举行年度内部 AI 峰会，仅限员工参与。

当然，并不是说苹果公司在 AI 方面毫无建树，只是其技术大多与自家产品深度绑定，其在 AI 的技术探索方向上，更多地侧重于借助 AI 来提升自身产品的性能，如芯片与摄影、图片与分类等。苹果在软件及硬件层面的自我迭代升级的策略，在没有发生 ChatGPT 所引发的人工智能革命之前是非常正确的，也是能让商业利益最大化的一种策略。而过往，无论是苹果的产品发布会还是开发者大会，都倾向于突出软件和硬件产品的优化、升级与创新，AI 只是其背后的一种支持技术。

然而，无论是苹果的 Siri，还是苹果所构建的 iOS 生态圈，如果苹果继续将 AI 的研发重心放在服务硬件的优化层面，而没有类 ChatGPT 性能的产品，那么苹果将直面危机。虽然我们目前还不清楚苹果这么多年来在 AI 方面藏有什么样的"底牌"，但相信在 2023 年，苹果的"底牌"将呈现在大家面前。

3.5 Meta：AI 探索之困

Meta 正在加速 AI 的商业化落地，显然，对 Meta 来说，AIGC 是一个切入口。

3.5.1 ChatGPT 并非创新性发明

面对 ChatGPT 浪潮，Meta 首席人工智能科学家杨立昆对 ChatGPT 的评价并不高，他认为，从底层技术上看，ChatGPT 并不是什么革命性的发明。杨立昆表示，很多公司和研究实验室在过去都构建了这种数据驱动的人工智能系统，认为 OpenAI 在这类工作中"孤军奋战"的想法是不准确的。除了谷歌和 Meta，还有几家初创公司都拥有非常相似的技术。杨立昆还进一步指出，ChatGPT 及其背后的 GPT-3 在很多方面都是由多方多年来开发的多种技术组成的，与其说 ChatGPT 是一个科学突破，不如说它是一个像样的工程实例。

杨立昆的言论引来了一些争议。有人批评他太过傲慢，自己没有做出类似的模型，却在别人做出来的广泛可用的产品里挑刺。不管是不是可以称之为"突破"，ChatGPT 的成功是毋庸置疑的。因此，大众不免好奇，杨立昆组建的 Meta 人工智能团队 FAIR 是否会像 OpenAI 那样取得突破。

对此，杨立昆为 FAIR 画下了"生成艺术"的方向。他提出，脸书上有 1200 万个商铺在投放广告，其中多是没有什么资源定制广告的夫妻店，Meta 将通过能够自动生成宣传资料的 AI 帮助他们做更好的推广。在被问及为什么谷歌和 Meta 没有推出类似 ChatGPT 的系统时，杨立昆回答说："因为谷歌和 Meta 都会因为推出编造东西的系统遭受巨大损失。"而 OpenAI 似乎没有什么可失去的。

实际上，杨立昆对 ChatGPT 的评价是当前一些人工智能领域专家的共同看法，即以专业技术的视角看待 ChatGPT，而非商业应用的视角。

3.5.2　AI 落地有多难

事实上，Meta 从 2013 年便开始大规模投入 AI 研究，杨立昆主导成立的 FAIR，在很长一段时间里与 DeepMind、OpenAI 并肩走在时代前列。2022 年 1 月，FAIR 并入 Reality Labs，成为后者的下属子部门。

2022 年，Meta 在生成模型层面的进展一直在加速：2022 年 1 月发布语音生成模型 Data2Vec，该模型可以用同一方式学习语音、图片和文本三种不同的模式，同年发布 Data2Vec2.0，大大提高了其训练和推理速度；2022 年 5 月发布开源的语言生成模型 OPT（Open Pre-trained Transformer），与 GPT-3 一样使用了 1750 亿个参数，更新版本 OPT-IML 于 2022 年 12 月发布，为非商业研究用途免费开放；2022 年 7 月发布图片生成模型 Make-A-Scene；2022 年 9 月发布视频生成模型 Make-A-Video。

不过，Meta 的类 ChatGPT 探索之路受到了阻碍。2022 年 11 月 15 日，由 Meta 开发的 AI 大语言模型 Galactica 曾短暂上线过，后者旨在运用机器学习来"梳理科学信息"，结果却散布了大量错误信息，仅 48 小时，Meta AI 团队火速"暂停"了演示。媒体分析称，就在 Meta 因 Galactica 的失败而"一蹶不振"后，其他硅谷互联网公司则先后斥巨资加入这场 AIGC 热潮中，让 Meta 追赶乏力。

客观来看，Meta 的优势在于有巨大的数据中心，但主要是 CPU 集群，用来支撑 Meta 基于确定性的广告模型和网络内容推荐算法业务。然而，苹果的透明跟踪技术对 Meta 造成了极大的冲击：2021 年 4 月 26 日，苹果"应用透明度跟踪"（App Tracking Transparency，ATT）隐私采集和使用许可正式启用，用户有权利自主选择是否可以被应用开发者追踪，即模糊归因了广告的投放效果。要知道，Meta 是美国市场投放第一大平台，在 ATT 之前，Meta 可以从内部收集广告商的应用和网站数据，非常确定哪些广告导致了哪些结果。这反过来又让广告商有信心在广告上花钱，不在乎成本投入，而是着眼于可以产生多少收入。ATT 切断了 Meta 广告与转化之间的联系，将后者标记为第三方数据并进行跟踪。这不仅降低了公司广告的价值，还增加了广告转化的不确定性。苹果政策发布当日，脸书股价应声下跌 4.6%。

虽然 ATT 的长期解决方案是建立概率模型，不仅要弄清楚客户目标，还要了解哪些广告转化了，哪些没有。这些概率模型将由大规模的 GPU 数据中心建立，而一张英伟达显卡的成本为五位数，如果是过去那样的确定性的广告模型，Meta 并不需要投资更多的 GPU，但技术在进步，Meta 需要面对全新的时代，在客户定位和转化率层面投入更多。

让 Meta 的人工智能发挥作用的一个重要因素，不是简单地建立基础模型，而是不断针对个别用户进行调整，这是最复杂的一个部分。Meta 必须弄清楚怎样低成本地提供个性化用户服务，同时 Meta 的产品愈发集成化。显然，在互联网中推荐内容比只向你的朋友和家人推荐内容要困难许多，特别是 Meta 不仅推荐视频，还推荐所有类型的媒体，并将其与你关心的内容穿插在一起。这种情况下，人工智能模型将成为关键，而建立这些模型需要花费大量资金购买设备。长远来看，虽然 Meta 之前投资人工智能的主线是个性化推荐，但这些与生成模型在 2022 年的突破相结合，最终归宿是个性化内容，算法的终局是 AIGC。

不过，在 Meta 奔向 AIGC 的道路上，还有一个巨大的困境，那就是知识污染与数据治理。在人类社会接入互联网后，所生产的数据量始终以指数级增长。而在互联网社交领域，数据的混沌程度是整个互联网行业之最，尤其是从 UGC 时代进入 AIGC 时代，非本质事实数据的自我繁衍能力将超越人类想象且难以受控，人类知识数据库将不可避免地遭遇污染危机，基于这些数据训练的 AIGC 最终难免滑向数据失控与混乱的深渊。

3.6 亚马逊：新机还是危机

3.6.1 AI 与云计算走向融合

面对 ChatGPT 的爆发，在图像和文本生成这样的 C 端场景中，亚马逊的优势似乎不太明显，重要的是亚马逊云科技（Amazon Web Services，AWS）——云计算的开创者和引领者，其成功引爆了云计算革命，这也是亚马逊在 ChatGPT 浪潮下的机会。

2022 年以来，AIGC 借助图片生成领域的爆款应用成功"出圈"，ChatGPT 更是让整个人工智能领域看到了向 2.0 阶段跃进的希望。其中，Stability AI 的图片生成引擎由开源模型 Stable Diffusion 驱动，其用关键词生成的图片不但拿到了比赛大奖，还让美工、设计师们感受到了空前的竞争压力。Stable Diffusion 在训练阶段"跑"了 15 万块 GPU，商业化之后的 Stability AI 迅速与亚马逊云科技合作建立了一个由 4000 块英伟达 A100 组成的大型云计算集群。

Stability AI 正凭借着超强的算力资源，准备进军下一个热门领域 AI for Science，已经聚集了 Eleuther AI 和 LAION 等知名开源项目，以及生物医药模型 OpenBioML、音频生成模型 Harmonai、人类偏好学习算法 CarperAi 等前沿探索。未来使用扩散模型生成 DNA 序列，将是有望惠及全球数十亿人的研究方向。Stability AI 的成功绝不是偶然的，AI 与云计算的高度融合正在推动各类应用快速落地。过去是把各种应用迁移到云端，而现在应用本身向云原生演进已成为更具前瞻视野的科技公司的共识。云原生应用不只是在云端训练算法，而是在云端集成整个开发、交付、部署、运维的全过程。AI 采用云原生开发环境，既可以大幅缩减配置服务器的开销，又可以节约海量训练数据的传输成本。

根据相关财报显示，亚马逊、微软、谷歌等全球头部云厂商的云计算业务均出现营收增速下滑的情况。这让他们急切希望找到新的突破口，打开增量市场。而 ChatGPT 释放出一个信号：生成式 AI 带来的潜在繁荣或将再次提振市场对云服务的需求。

微软管理层在关于 2023 财年第二季度（2022 年第四季度）财报的电话会议中说，微软正在用 AI 模型革新计算平台，新一轮云计算浪潮正在诞生。谷歌同样加入了 AI 计算的竞赛。谷歌首席执行官桑德尔·皮查伊表示："我们最新的人工智能技术如 LaMDA、PaLM、Imagen 和 MusicLM，正在创造全新的方式来处理信息，从语言和图像到视频和音频。"显然，谷歌与微软的态度一致，都将 AI 计算作为竞赛的一个焦点。

亚马逊作为一个典型的平台型企业，把重点放在为用户提供基本的公有云服务，如计算、存储、网络、数据库等，基本不触碰上层应用，把空间留给合作伙伴。实际上，亚马逊云科技是亚马逊最强的商业竞争力，目前，亚马逊云科技已成长为全球最大的公有云平台。在基础设施层面，亚马逊云科技拥有遍及全球 27 个地理区域的 87 个可用区，覆盖 245 个国家和地区；在市场占有率层面，亚马逊云科技占据全球公有云市场份额的 1/3 以上；在产品服务层面，亚马逊云科技是全球功能最全面的云平台，提供超过 200 项服务，而且每年推出的新功能及服务数量飞快上涨；在用户及生态层面，针对金融、制造、汽车、零售快消、医疗与生命科学、教育、游戏、媒体与娱乐、电商、能源与电力等重点行业，亚马逊云科技都组建了专业的团队，这使得亚马逊不仅拥有数百万名用户，还拥有庞大且最具活力的社区。

对于 ChatGPT，亚马逊给予了极高的评价。当前，ChatGPT 已经被亚马逊用于许多不同的工作职能中，包括回答面试问题、编写软件代码和创建培训文档等。但这并不意味着亚马逊不重视 AI 计算这个风口。

实际上，亚马逊云科技能够提供多种人工智能服务，包括 Amazon Lex、Amazon Rekognition、Amazon SageMake 等，涉及语音合成、自然语言生成和计算机视觉等多个细分领域。正如 Stability AI 和亚马逊云科技的合作一样，使用亚马逊云科技的重磅产品 Amazon SageMaker，在浏览器中即可轻松部署预训练模型，此后的微调模型和二次开发过程更可省去烦琐的配置。

另外，AI 计算需要大规模采购 GPU 算力。Stability AI 的创始人兼首席执行官莫斯塔克称，该公司租用了 256 块英伟达 A100，显卡训练总计耗时 15 万小时。不过，更大的需求是推理，即实际应用模型来产生图像或文本，每次在 Midjourney 中生成图像，或在 Lensa 中生成头像时，推理都是在云端的 GPU 上运行的。

目前，英伟达 80GB 显存的 A100 显卡售价约 1.7 万美元，每块显卡在云计算平台的租用费约 4 美元 / 小时。Stable Diffusion 用 256 块 A100 进行训练，约 24 天，并向亚马逊云科技支付 15 万小时的租用费。不过，与动辄千亿参数量的上千万美元开销的语言生成模型相比，这已经是很低的花费了。

当然，在 AI 计算方面，亚马逊还需要面对 ChatGPT 和微软绑定对其造成的冲击。当前，ChatGPT 母公司 OpenAI 不仅建立了自己的模型，还与微软达成了计算能力的优惠协议，长远来看，或许亚马逊不得不廉价出售 GPU 算力，才能刺激更加繁荣的生成式应用。

3.6.2　亚马逊电商会被攻破吗

在过去很长的一段时间里，亚马逊是全球"电商之王"。当然，这离不开其多年来打造的三个"杀手锏"：一是商家端的 FBA（Fulfillment by Amazon）服务，二是客户端的 Prime 会员模式，三是亚马逊在技术上的支撑。

在技术方面，除云科技外，亚马逊的机器学习已有 20 余年的历史，早在 1998 年，Amazon.com 就上线了基于物品的协同过滤算法，这是业界首次将推荐系统应用于百万个物品及百万名用户规模。比如，亚马逊商城的"看了又看"功能，背后就是由协同过滤算法支撑的。

这项功能会在商城中提醒用户："购买了你的购物车里的这本书的另一位顾客，还购买了以下这些书。"也就是说，算法根据"有相似购买行为的用户可能喜欢相同物品"来进行推荐。算法先根据用户的购买历史评估用户之间的相似性，然后就可以根据其他用户的喜好，对你进行商品推荐。

协同过滤算法的其他思想还包括"相似的物品可能被同一个用户喜欢"（如向购买了篮球鞋的用户推荐篮球）、模型协同过滤（如 SVD）等，后者是为了应对亚马逊商城的超大数据规模产生的超高运算量而采用的降维方法。这项技术造就了后来享誉业界的创新——亚马逊电商"千人千面"的个性化推荐。

个性化推荐可以增加内容互动，降低获客成本，提高用户留存率和黏性。获客机会的提高带来了整体业务效率的提升，从而能够对用户进行更深层次的需求挖掘，如在促销活动中推荐场景。如果不能对用户进行深层次挖掘，很难做到"千人千面"，无法深化长尾产品，不利于长久运营。

在这样的背景下，2021年3月，亚马逊推出了Amazon Personalize，一项用于构建个性化推荐系统的完全托管型机器学习服务。亚马逊拥有20多年的个性化推荐服务经验的积累，Amazon Personalize正是将亚马逊20多年的推荐技术积累构建成平台，进行对外服务的尝试。

Amazon Personalize中的推荐过滤器可帮助用户根据业务需求对推荐内容进行微调，客户无须分神设计任何后处理逻辑。推荐过滤器可对用户已经购买的产品、以往观看过的视频及消费过的其他数字内容进行过滤与推荐，借此提高个性化推荐结果的准确率。以往推荐系统提供的内容的准确率往往较低，此类推荐可能影响用户使用感、导致用户参与度降低，最终使业务营收受损。

并且，当新用户进入Amazon Personalize后，网站可以立刻通过基本注册信息预测新用户潜在的购物需求。即使针对新用户，Amazon Personalize也能有效地生成推荐，并为用户找到相关的项目进行推荐。

可以说，亚马逊的"个性化推荐"是其经营电商的底气，公司的广告收入节节攀升。2014年，在亚马逊投放广告的单次点击费用仅约0.14美分，但到了2022年初，单次点击已经飙升到了约1.60美元。

　　然而，所谓的"个性化推荐"却因为 ChatGPT 的到来而受到挑战。ChatGPT 应用于电商的优势就在于智慧且精准的"个性化推荐"。ChatGPT 借助深度数据整合与分析，能够直接给用户明确的答案，或者给出明确的解决方案与建议。换言之，ChatGPT 给了电商行业一次重新洗牌的机会，亚马逊或许会失去其一直以来的"个性化推荐"优势。毕竟，以 Shein、Shopify、Temu 为代表的新一代独立电商平台正在逐渐攻破亚马逊的电商"护城河"。其中，与亚马逊商家端的物流服务（FBA）相较，Shein 的模式让卖家更省心。

　　2006 年，亚马逊首次推出了针对第三方卖家的一站式履约服务 FBA，通过建立商品集中仓储和智能高效调配系统，卖家支付 FBA 费用，由亚马逊完成储存、分拣、配送、客服和退换货等流程，从而降低卖家的时间和运营成本，吸引了大量商家入驻。在亚马逊模式下，虽然 FBA 实现了一站式仓储和物流，但卖家除承担 FBA 仓运成本外，还需要负担运输费用、商品佣金、商品推广的工作和费用。但在 Shein 的模式下，卖家只需要备货和等待收揽，物流、销售推广、运营管理、退换货等环节和费用都由平台承担。如果 Shein 能够借助 ChatGPT 根据用户需求提供个性化的低门槛推荐方案，以适应用户业务模式及环境的不断变化，就做到了真正的"按需而变"，那么亚马逊的电商业务将面临前所未有的冲击。

3.7 英伟达：ChatGPT 背后的赢家

就在 ChatGPT 狂飙突进，引爆价值万亿美元 AIGC 这一赛道的同时，还有一个大型科技公司正在闷声发财，那就是英伟达。

2023 年 1 月 3 日——美股新年第一个交易日，英伟达的收盘价为 143 美元，一个月后的 2 月 3 日，英伟达的收盘价为 211 美元，一个月涨了 47%。华尔街分析师预计，英伟达在 1 月的股价表现预计将为其创始人黄仁勋增加了 51 亿美元的个人资产。

半导体企业股价的起起伏伏本属常态，可今时不同往日，半导体市场正在经历罕见的下行周期。ChatGPT 的火热之所以会带动英伟达的股价大幅上涨，是因为 ChatGPT 的成功背后离不开英伟达推出的硬件支持。

3.7.1 AI 芯片第一股

20 世纪 90 年代，3D 游戏的快速发展和个人计算机的逐步普及，彻底改变了游戏的操作逻辑和创作方式。1993 年，黄仁勋等三位电气工程师看到了游戏市场对于 3D 图形处理能力的需求，成立了英伟达，面向游戏市场供应图形处理器。1999 年，英伟达推出显卡 GeForce 256，并第一次将图形处理器定义为"GPU"，自此"GPU"一词与英伟达赋予它的定义和标准在游戏界流行起来。

自 20 世纪 50 年代以来，CPU（中央处理器）就一直是每台计算机或智能设备的核心，是大多数计算机中唯一的可编程元件。CPU 诞生后，工程师也一直没放弃让 CPU 以消耗最少的能源实现最快的计算速度的努力。即便如此，人们还是觉得 CPU 做图形计算太慢。21 世纪初，CPU 难以继续维持每年 50%的性能提升，而内部包含数千个核心的 GPU 能够利用内在的并行性继续提升性能，且 GPU 的众核结构更加适合高并发的深度学习任务。

CPU 往往会串行执行任务。而 GPU 的设计则与 CPU 完全不同，它期望提高系统的吞吐量，在同一时间竭尽全力处理更多的任务。GPU 的这一特性被深度学习领域的开发者注意到。但是，作为一种图形处理芯片，GPU 难以像 CPU 一样运用 C 语言、Java 等高级程序语言，极大地限制了 GPU 向通用计算领域发展。

为了让开发者能够用英伟达 GPU 执行图形处理以外的计算任务，英伟达在 2006 年推出了 CUDA 平台，支持开发者用熟悉的高级程序语言开发深度学习模型，灵活调用英伟达 GPU 算力，并提供数据库、排错程序、API 接口等一系列工具。虽然当时的深度学习并没有给英伟达带来显著的收益，但英伟达一直坚持投资 CUDA 产品线，推动 GPU 在 AI 等通用计算领域前行。

6 年后，英伟达终于等到了向 AI 计算证明 GPU 的机会。21 世纪 10 年代，由大型视觉数据库 ImageNet 项目举办的"大规模视觉识别挑战赛"是深度学习的标志性赛事之一，被誉为计算机视觉领域的"奥赛"。2010 年和 2011 年，ImageNet 挑战赛的最低差错率分别是 29.2%和 25.2%，而有的团队差错率高达 99%。直到 2012 年，来自多伦多大学的博士生 Alex Krizhevsky 用 120 万张图片训练神经网络模型，以约 15%的差错率夺冠，与前人不同的是，他选择了英伟达 GeForce GPU 为训练提供算力。

这一标志性事件，证明了 GPU 对于深度学习的价值，也打破了深度学习的算力枷锁。自此，GPU 被广泛应用于 AI 训练等大规模并发计算场景。

2012 年，英伟达与谷歌人工智能团队打造了当时最大的人工神经网络。2016 年，脸书、谷歌、IBM、微软的深度学习架构都运行在英伟达的 GPU 平台上。2017 年，英伟达 GPU 被惠普、戴尔等厂商引入服务器，被亚马逊、微软、谷歌等厂商应用于云服务。2018 年，英伟达为 AI 和高性能计算打造的 Tesla GPU 被用于加速美国、欧洲和日本最快的超级计算机。与英伟达 AI 版图一起成长的是股价和市值。2020 年 7 月，英伟达市值首次超越英特尔，成为名副其实的"AI 芯片第一股"。

3.7.2 在淘金热中卖水

ChatGPT 越火，成本就越高。究其原因，ChatGPT 虽然能够通过学习和理解人类的语言来进行对话，能根据上下文进行互动，真正像人类一样交流，能写文章、修 Bug、辩证地分析问题，但这一切靠的都是千亿数量级的训练参数。而这一现状导致的结果，便是 ChatGPT 每一次对用户的问题进行回答，都需要从浩如烟海的参数中进行模型推理，而这一过程的耗费也远比大家想象的贵。毕竟人工智能产品想要做得更智能就需要训练 AI，而算力则是"能量"，是驱动 AI 在不断学习中慢慢变得智能的动力源泉。英伟达则是目前人工智能算力加速领域的"第一名"，其在 2022 年 4 月发布的 Hopper H100，是目前最先进的人工智能 GPU。

经过十余年的技术积累，英伟达为 GPU 的通用计算开发的并行计算平台和为编程模型打造的 CUDA 生态，已经成为在大型数据集上进行高效计算的最佳选择。CUDA 的库、工具和资源生态系统使开发者能够轻松利用 GPU 的并行计算能力，构建更强大和更高效的 AI 模型，同时也是实现模型的高性能、高通用性、高易用性，以及针对不同应用场景深度优化的关键所在。

在 ChatGPT 的掘金赛道上，英伟达就像是"淘金热中卖水"的角色，但这依然重要且不可或缺。IDC 亚太区研究总监郭俊丽表示，从算力来看，ChatGPT 至少导入了 1 万块英伟达高端 GPU，总算力消耗达到了 3640PF-days，并且，ChatGPT 很可能推动英伟达相关产品在 12 个月内销售额达到 35 亿至 100 亿美元。

实际上，在 ChatGPT 之前，在 AIGC 领域搅动风云的 AI 文生图工具 Stable Diffusion，就是在 4000 块 Ampere A100 显卡组成的集群上，训练一个月时间诞生的产物。

无论是 OpenAI，还是微软云、谷歌云，其成功离不开英伟达提供的底层芯片算力支持。作为一家市值 5000 亿美元的科技公司，以 Hopper 加速卡为代表的数据中心业务堪称英伟达的"印钞机"。

尽管英伟达官方对 ChatGPT 没有任何表态，但花旗分析师表示，ChatGPT 将继续增长，可能会进一步提高 2023 年英伟达 GPU 的销售额，估计为 3 亿～110 亿美元。美国银行和富国银行的分析师也表示，英伟达将从围绕 AI、ChatGPT 业务的流行中获益。

3.7.3　这波红利能吃多久

从芯片层面来看，英伟达的垄断地位是毋庸置疑的：市场占有率常年稳定在 80%左右，据国际超算权威榜单（Top500.Org）显示，英伟达 GPU 产品在超算中心的渗透率逐年提高。人工智能领域的算力需求约每 3.5 个月翻一倍，导致其芯片常年供不应求，即使最新一代 H100 芯片已经发布，上一代芯片 A100 的市场价较发布初期依旧有所上涨。

并且，我们尚未看到英伟达针对 ChatGPT 推出的新产品。值得一提的是，ChatGPT 作为明星产品，引发的是全社会对于生成式 AI 和大模型技术的关注。现在，对于芯片用量的更大需求、芯片规格的更高要求，已为明朗的趋势。未来，大模型将成为 AI 技术领域重要的生产工具，需要更强的训练与推理能力，支撑海量数据模型且高效地完成计算，这些也会对芯片的算力、存储容量、软件栈、带宽等技术提出更高的要求。

这也为英伟达带来了挑战。一方面，当 ChatGPT 发展到成熟期，其算力底座有可能从英伟达"独占鳌头"逐渐向"百家争鸣"演变，从而压缩英伟达在该领域的盈利空间。尤其是随着以 ChatGPT 为代表的 AIGC 行业的爆发，GPU 和新 AI 芯片都获得了更多的可能性和新机会。

从语言生成模型来看，由于参数量巨大，需要很好的分布式计算支持，因此在这类生态上已经有完整布局的 GPU 厂商更有优势。这是一个系统工程问题，需要完整的软件和硬件解决方案，而在这个方面，英伟达已经结合其 GPU 推出了 Triton 解决方案。但从图像生成模型来看，这类模型的参数量虽然也很大，但是比语言生成模型要小一到两个数量级，其计算中还会大量用到卷积计算，因此在推理应用中，如果能做好优化的话，AI 芯片可能有一定的机会。

AI 芯片在设计的时候主要针对的是更小的模型，而生成模型的需求相对而言还是比原来的设计目标要大不少。GPU 在设计时以效率为代价换取了更高的灵活度，而 AI 芯片设计则是反其道而行之——追求目标应用的效率。因此，随着生成模型设计更加稳定，AI 芯片设计如果能追赶上生成模型的迭代，将有机会从效率的角度在生成模型领域超越 GPU。

另一方面，AIGC 行业的爆发对算力提出了越来越高的要求，然而，受物理制程约束，算力的提升依然是有限的。1965 年，英特尔联合创始人戈登·摩尔预测，集成电路上可容纳的元器件数目每隔 18 至 24 个月会增加一倍。摩尔定律归纳了信息技术进步的速度，对整个世界而言意义深远。但经典计算机在以"硅晶体管"为基本器件结构、延续摩尔定律的道路上终将受到物理限制。在计算机的发展中，晶体管越做越小，中间的阻隔也变得越来越薄——3nm 时，只有十几个原子阻隔。在微观体系下，电子会发生量子的隧穿效应，不能很精准地表示"0"和"1"，也就是通常说的"摩尔定律碰到天花板"的原因。

尽管研究人员提出了更换材料以增强晶体管内阻隔的设想，但一个事实是，无论用什么材料，都无法阻止电子隧穿效应。这一难点问题对于量子来说却是天然的优势，毕竟半导体就是量子力学的产物，芯片也是在科学家们认识电子的量子特性后研发而成的。此外，基于量子的叠加特性，量子计算就像是算力领域的"5G"，"快"的同时带来的绝非速度本身的变化。

基于强大的运算能力，量子计算机有能力迅速完成电子计算机无法完成的计算，量子计算在算力上带来的成长，可能会彻底打破当前 AI 大模型的算力限制，促成 AI 的再一次跃升。

但英伟达在量子计算方面并无优势，相较而言，谷歌早在 2006 年就创立了量子计算项目。2019 年 10 月，谷歌在《自然》期刊上宣布了使用 54 个量子位处理器 Sycamore，实现了量子优越性。除谷歌外，2015 年，IBM 在《自然通讯》上发布了超导材料制成的量子芯片原型电路。英特尔则一直在研究多种量子位类型，包括超导量子位、硅自旋量子位等。2018 年，英特尔成功设计、制造和交付 49 量子比特的超导量子计算测试芯片 Tangle Lake，算力等于 5000 颗 8 代 i7，并且允许研究人员评估、改善误差修正技术和模拟计算问题。

因此，对于英伟达而言，当前的技术路径依然难以应对未来的需求。解决这种超级算力需求则在于量子计算技术，然而，英伟达在量子计算技术方面并没有优势，也没有相关技术的储备，想要在人工智能时代继续保持优势，必然要在量子计算技术方向上构建新的竞争优势。

3.8　马斯克：被冲击的商业版图

2022 年末，在经历了几个月的"口水仗"后，马斯克终于与推特董事会完成关于推特的收购交易。这位有着"硅谷钢铁侠"之称的传奇人物，以 440 亿美元的价格成为世界上最知名社交平台之一的老板。从 SpaceX 到星链，从特斯拉到超级高铁，从脑机接口到虚拟世界的舆论场，收购推特，就补齐了马斯克商业版图中尚缺的一块重要拼图——传媒。

马斯克的这些公司所在的行业都是面向未来的尖端技术领域，而且几乎都站在了该领域的最前沿，如 SpaceX、星链及特斯拉，已经取得了毋庸置疑的商业成功。那么现在，ChatGPT 在 AI 领域的成功，是否会冲击马斯克的商业版图？又将对马斯克在不同领域的前沿布局产生什么样的影响呢？

3.8.1　为他人做了嫁衣

要说马斯克与 ChatGPT 的渊源——马斯克是 ChatGPT 母公司 OpenAI 的创始人之一。2015 年，马斯克与几名供职于谷歌的 AI 研发人员讨论了他们心中共同存在的担忧——人工智能终将会接管世界，但相关技术却被个别互联网公司所掌握。因此，他们筹划建立一家不以追求利润为目标的 AI 研究机构，发挥人工智能的最大潜力，做到全面开源，分享技术。

基于此，2015 年，OpenAI 在加州旧金山正式创立。而后，特斯拉和 AI 技术的关联越来越深，马斯克的主业与 OpenAI 非营利组织的定位产生了明显的利益冲突。外界越发担忧特斯拉将运用 OpenAI 的技术实现系统和产品升级，马斯克与 OpenAI 必须划清界限。2018 年，马斯克离开 OpenAI 的董事会，转变为赞助者和顾问。

虽然非营利的愿望是美好的，但是 AI 技术研发所需要的资金投入却是冷冰冰的现实数字。2018 年，OpenAI 推出的 GPT-3 语言模型在训练阶段就花费了 1200 万美元。于是，秉承开源设想的科研人员不得不在资金支持面前妥协让步，放弃非营利的设想。2019 年，OpenAI 转为有利润上限的营利机构，股东的投资回报被限制为不超过原始投资金额的 100 倍。

公司性质刚刚转换，微软就宣布为 OpenAI 注资 10 亿美元，并获得了将 OpenAI 部分 AI 技术商业化的许可。告别马斯克，携手微软，OpenAI 的转换让舆论怀疑所谓的利益冲突避嫌更像是在利益分配上没有达成一致，马斯克选择了退出。2020 年，马斯克曾表示 OpenAI 应当变得更"开放一些"，支持舆论对"OpenAI 变成 ClosedAI"的批评，还称自己能从公司获得的消息非常有限。

而随着 ChatGPT 大获成功，在某种程度上，马斯克所担忧的 AI 技术会被几家大公司所掌控的现实终于还是发生了，马斯克的这一次创业倒像是"为他人做了嫁衣"。

3.8.2 各项商业战略面临拦截

虽然马斯克离开了 OpenAI，但他在其他尖端技术领域的开拓却毫不含糊。2022 年，马斯克收购推特，意指构建一个类似于苹果的闭环商业生态版图。

2004 年，马斯克从出售 PayPal 获得的 1 亿美元中，拿出 650 万美元投资了特斯拉，而当时特斯拉的 A 轮融资额总共才 750 万美元。如今，特斯拉这家公司已经被马斯克打上深深的个人印记，很少有人知道特斯拉最初的创始人。从特斯拉开始，马斯克渐渐展开了商业版图：2006 年创立太阳能公司 SolarCity，2016 年被特斯拉以 26 亿美元的价格收购；2016 年创立脑机接口公司 Neuralink；2016 年创立地下隧道公司 The Boring Company。

马斯克的"天地一体化"规划十分清晰。通过卫星，星链技术能实现更广泛的覆盖，并且能够建立星际之间的通信。而致力于实现自动驾驶的特斯拉，其中的关键就是通信。如果自动驾驶基于现有的通信技术，无论依赖于 5G 还是 6G 基站，那么在信号的切换过程中及信号覆盖均等不一的情况下，都会造成通信时差，这种时差在高速行驶过程中将带来致命的危害。而卫星通信系统上传与反馈的时差相对均等，不存在切换的问题。那么马斯克从通信环节切入，再打通硬件与软件，就能构建强大的生态闭环。

汽车也好，手机也好，都是马斯克商业版图中的硬件，有了硬件，就需要有应用。因此，马斯克收购推特的真正目的根本不在于推特本身，而是在于推特上面的用户。从社交层面来说，这一收购意味着直接挑战 Mate。而未来，随着马斯克商业版图的推进，不仅会对苹果构成挑战，当前的很多企业都会感到压力。

即使马斯克在诸多尖端技术与商业领域都有布局，但在 AI 领域，ChatGPT 的突然成功给马斯克带来了挑战和冲击。因为马斯克所布局的产业，无论是星链、特斯拉还是脑机接口等项目，都离不开人工智能及类人机器人项目。

语言是人类智慧、思维方式的核心体现，因此，自然语言处理被称作"AI 皇冠上的明珠"。ChatGPT 的出色表现，被认为是迈向通用AI 的一种可行路径——作为一种底层模型，它再次验证了深度学习中"规模"的意义。可以说，互联网的每一个环节，只要涉及文本生成和对话，都可以被 ChatGPT "洗一遍"。正因为 ChatGPT 有更好的语言理解能力，意味着它可以更像一个任务助理，能够与不同行业结合，衍生出很多应用的场景，这对马斯克的推特和特斯拉来说都是一种挑战。以推特为例，其本质上就是一个信息交互与交流的平台。马斯克对推特的用户活跃度一直很关注。2022 年 6 月 17 日，马斯克在推特全体员工大会上定了一个"小目标"：推特的日活跃用户达到 10 亿人。推特财报显示，要达到马斯克的"小目标"，至少要在当时 2.29 亿日活跃用户的基础上增加三倍。同时，马斯克自然不会忽视用户的真实性。2022 年 5 月 13 日，他就以高标准要求推特，如果推特拿不出证据证明虚假账户的比重在 5%以下，将暂停收购交易。同样面临"数字大挑战"的还有推特的订阅服务。马斯克有意将订阅服务变为强劲的收入来源。而 ChatGPT 本身就是一种智能信息交互与交流的 AI 技术，如果微软或者任何一家企业基于 ChatGPT 而进行社交平台的重构，推特或许就将失去当前的优势。

再来看看自动驾驶，无论是技术研发还是主动驾驶的大数据层面，以及实际应用数据层面，特斯拉都是自动驾驶的"排头兵"。但目前的自动驾驶依然难以实现完全的自动驾驶，其中的关键就是汽车的智能系统与人的交互还是比较机械的。比如，自动驾驶系统可能无法正确判断前车状况并决定是否该绕行，这也是自动驾驶汽车频发事故的原因。

　　ChatGPT 的出现，展示了一种训练机器拥有人类思维模式的可能——机器通过学习人类驾驶行为，带领自动驾驶进入"2.0 时代"。但如何充分借助 ChatGPT 的技术来为推特、特斯拉自动驾驶，以及类人机器人项目进行更为有效的训练，以达到商业化的应用，成为当前摆在马斯克面前的一个现实难题。

第 **4** 章

寻找中国的
ChatGPT

4.1 ChatGPT 的商业化狂想

ChatGPT 的经历，可以用"一夜蹿红"来形容。

据互联网分析公司 SimilarWeb 数据显示，自 ChatGPT 诞生以来，其母公司 OpenAI 的网站访问量快速攀升。2023 年 1 月，OpenAI 网站访问量突破 6.72 亿，较 2022 年 11 月增长 3572%。

随着 ChatGPT 从聊天工具逐渐向效率工具演进，资本市场的热情被点燃。红杉资本大胆预测，ChatGPT 这类生成式 AI 工具，让机器开始大规模涉足知识类和创造性工作，这涉及数十亿人的工作，预计能够产生数万亿美元的经济价值。ChatGPT 强大的泛化能力，正带给人们无限的商业化狂想。

4.1.1 一场新技术革命

几乎可以确定的是，ChatGPT 将带来一场新技术革命。作为一种大型预训练语言模型，ChatGPT 的出现标志着自然语言理解技术迈上了新台阶，理解能力、语言组织能力、持续学习能力更强，也标志着人工智能生成内容（AI Generated Content，AIGC）在语言领域取得了新进展，生成内容的范围、有效性、准确度大幅提升。

ChatGPT 嵌入了人类反馈强化学习及人工监督微调，因而具备了理解上下文、连贯性等诸多先进特征，解锁了海量应用场景。虽然当前 ChatGPT 所利用的数据集截至 2021 年，但在对话中，ChatGPT 已经能主动记忆先前的对话内容信息，即上下文理解，用来辅助假设性问题的回复。因此，ChatGPT 可实现连续对话，提升了交互模式下的用户体验。

此外，鉴于传统自然语言处理（Natural Language Processing，NLP）技术的局限问题，基于大语言模型（Large Language Models，LLM）有助于充分利用海量无标注文本预训练，从而使文本大模型在较小的数据集和零数据集场景下可以有较好的理解和生成能力。基于大模型的文本收集，ChatGPT 得以在情感分析、信息钻取、理解阅读等文本场景中突出优势。训练模型数据量的增加，使数据种类逐步丰富，模型规模及参数量的增加还会进一步促进模型语义理解能力及抽象学习能力的极大提升，实现 ChatGPT 的数据飞轮效应——用更多的数据训练出更好的模型，吸引更多的用户，从而产生更多的用户数据用于训练，形成良性循环。

实际上，ChatGPT 最强大的功能就是基于深度学习后的"知识再造"，其基础应用就是与搜索引擎配合，起草文章、用搜索引擎检索资料。比如，记者可以先把想写的新闻选题和要点给 ChatGPT，获得格式与逻辑都比较规范的内容框架，然后利用搜索引擎检索涉及概念或知识点的数据来源，在此基础上修改观点、完善内容，纠正不合理、不精确的表达。

"知识再造"式的问答结果，形成了 ChatGPT 在人机交互方面的突破。与现有搜索引擎提供的关联数据出处相比，ChatGPT 在用户体验的人性化和便利性方面有根本性提升，在工作效率提升方面有极大潜力，因此有可能引发搜索引擎的模式演变和进化。与此同时，面向通用 AI 的 ChatGPT 大语言模型，在机器编程、多语言翻译领域的表现同样突出，某种程度而言，ChatGPT 标志着 AI 技术应用即将迎来大规模普及。

4.1.2　被点燃的 AI 市场

ChatGPT 的火爆点燃了中美人工智能产业，相关 AI 公司入局，并引发资本市场震荡。

ChatGPT 相关概念公司众多。据 CB Insights 统计，ChatGPT 概念领域已有 250 家初创公司，其中 51% 的融资进度在 A 轮或天使轮。

2022 年，ChatGPT 和 AIGC 领域"吸金"超过 26 亿美元，诞生出的 6 家独角兽公司中，估值最高的就是 290 亿美元的 OpenAI。OpenAI 已经宣布试点 ChatGPT 付费版本，每月收费 20 美元。如果收费模式获得成功，对于投资者而言，ChatGPT 将有着巨大的利润前景。

2023 年 2 月 8 日，谷歌发布备受外界期待的聊天机器人 Bard，但由于宣传内容中出现错误，谷歌股价大跌 7.68%，市值一夜蒸发约 1056 亿美元（约 7172.78 亿元）。

中国方面，从 A 股市场来看，ChatGPT 推动了 AI 相关公司股票增长。2023 年 2 月 3 日开盘后，福石控股、云从科技、神思电子涨超 10%，汉王科技 5 连板，海天瑞声、拓尔思、天源迪科等涨超 5%，商汤-W 涨 3%，中文在线、昆仑万维也有不同程度的涨幅。

随着热度不断走高，资本蜂拥而至。然而，中国与美国在 AI 大数据、算法、大模型方面的发展路径不同。因此，除微软、谷歌公布了类似产品或与 OpenAI 合作外，国内暂时没有"中国版 ChatGPT"。

中国的互联网科技企业，纷纷踏上了寻找"中国版 ChatGPT"之路。

2023 年 2 月 7 日，百度官宣推出类 ChatGPT 应用：自然语言处理大模型项目"文心一言"（ERNIE Bot），首批用户于 2023 年 3 月 16 日可通过邀请测试码体验产品。2023 年 2 月 8 日，1.89 万亿元市值的阿里巴巴确认，正在研发的阿里版 ChatGPT 处于内测阶段。腾讯、华为、京东等也在行动：腾讯、华为公布了人机对话方面的相关专利。其中，腾讯科技（深圳）有限公司申请的"人机对话方法、装置、设备及计算机可读存储介质"专利，可实现人机顺畅沟通；华为技术有限公司申请的"人机对话方法以及对话系统"专利，可识别用户异常行为并进行答复。京东拟将类 ChatGPT 方法和技术点融入产品服务中。媒体报道：网易有道、字节跳动已投入类 ChatGPT 或 AIGC 相关研发，前者聚焦教育场景，后者可能会为 PICO VR 内容生成提供技术支持。

4.2 百度：冲刺首发中国版 ChatGPT

作为中国领先的 AI 技术公司，同时也是最大的中文搜索引擎，百度已经积极布局 AIGC、ChatGPT 技术。

4.2.1 即将面世的"文言一心"

在中国众多的互联网公司中，百度是最早针对 ChatGPT 做出明确表态的公司之一，也是中国最早布局人工智能的公司之一。在 2022 年 9 月的世界人工智能大会开幕式上，百度创始人、董事长兼首席执行官李彦宏发表了视频演讲，表示百度已在人工智能领域摸爬滚打了 10 年，累计研发投入超 1000 亿元。2022 年底，李彦宏表示，AIGC 和 ChatGPT 这些新技术会促成什么样的 AI 产品，仍然有很多不确定性，但这件事"百度必须做"。此前，百度已经全面布局 AIGC 相关产品链。

2 月 7 日，百度公布其类 ChatGPT 项目名为"文心一言"（ERNIE Bot），次月完成内测并向首批用户开放。对于"文心一言"项目，李彦宏给出的定位是"引领搜索体验的代际变革"。具体来说，百度这款类似 ChatGPT 的 AI 对话程序，是一种可扩展的"生成式搜索"功能产品。百度称，"文心一言"更了解中文语义，并将率先嵌入百度搜索服务中，普通用户届时注册账号即可进行 AI 体验。

与 ChatGPT 及谷歌对比而言，百度在中文互联网领域确实有独特的优势。一方面是其拥有中文世界最庞大的数据库，另一方面是其研发团队更了解中文。仅从语言层面来看，英文的语法与语言结构更加精准、规律，而中文则常常会出现一词多义、一词多音的问题，训练起来更加复杂。比如，中文的"嗯"，四个不同的声调代表着不同的意思。再如，"下雨天，我骑自行车摔倒了，幸好我一把把把把住了"，这句话中连续出现的四个"把"字，代表着完全不同的含义。

由于中文的复杂语义，导致基于人工智能的模型与训练更加复杂与困难。这为人工智能时代的中国互联网构建了独特的优势，也为中国的人工智能企业在开发与训练人工智能方面增加了更大的难度——难以通过国际上的现成技术进行使用。

百度搜索架构师辜斯缪表示，基于核心的搜索跨模态大模型及AIGC 技术的发展，搜索有三个趋势：搜索从信息检索到检索+，生成一种混合系统；实现整个跨模态的理解和交互；在知识的理解和组织上，搜索会往更深层次演进。比如，你搜索一张图片，百度"生成式搜索"会用语言告诉你怎么修改这张图片，然后进一步让搜索引擎帮你改完后反馈给你。

辜斯缪认为，搜索本是单元对话式的模式，即你给出并搜索一个问题后，百度会返回一个结果。但未来，这个模式会有一个比较大的变化，即你可以更高效地向搜索引擎提出需求，它在满足你的需求同时可以迭代和调整需求，最后产生一个真正定制化的满足用户需求的信息。

百度港股股价于 2023 年 2 月 7 日跳涨 15%以上。2023 年以来，百度港股股价涨幅超 32%。

4.2.2　十年磨一剑的全栈公司

以 2013 年建立百度美国研究院为起点，百度在 AI 领域已深耕十年，并且持续增加研发投入。

公司财报显示，2020 年，百度在人工智能领域的核心研发费用占总收入的比例达 21.4%，2021 年，百度核心研发费用为 221 亿元，占百度核心收入的比例达 23%。研发投入及强度持续位于全球大型科技公司前列。

百度对 AI 的投入大体可分为两个阶段。第一个阶段是 2013—2015 年，百度"招兵买马"和确定技术方向阶段。2013 年，百度在硅谷成立百度美国研究院，它的前身是 2011 年开设的百度硅谷办公室；同年，百度在国内建立深度学习研究院，李彦宏亲自任院长。百度的这两个研究院吸引了斯坦福大学计算机科学系教授吴恩达，慕尼黑大学博士、NEC 美国研究院前媒体研究室主任余凯等人加入。

第二个阶段是自 2016 年起，百度进入了探索 AI 技术产品化和商业化的阶段，AI 团队陆续拿出两大成果：2015 年 9 月，百度推出人工智能语音助手度秘（DuerOS），用户可以与度秘对话、聊天，当时机器的聊天还称不上顺畅；2015 年底，百度成立自动驾驶事业部，时任百度高级副总裁的王劲为总经理，次年 4 月，百度成立自动驾驶事业部，Apollo 计划发布。

2017 年，百度把 AI 提升为公司战略，提出 All in AI，百度深度学习研究院、自然语言处理、知识图谱、语音识别、大数据部门等核心技术部门被整合成了 AI 技术平台体系（AIG）。

在 2023 年百度 Create 大会暨百度 AI 开发者大会上，李彦宏提到，百度是同时具备人工智能四层布局的公司，分别为芯片层的昆仑 AI 芯片、框架层的飞桨深度学习框架、模型层的文心大模型和应用层的搜索、自动驾驶、智能家居等产品。

芯片层方面，百度是中国第一批自研 AI 芯片的互联网公司。百度的昆仑 AI 芯片研发始于 2011 年，正式发布于 2018 年。对外发布时，昆仑已支持百度业务多年。2020 年第三季度，已有超 2 万片昆仑芯片每天为百度搜索引擎、广告推荐和智能语音助手小度提供 AI 计算能力。

框架层方面，百度飞桨是国内最早启动研发的自研深度学习框架。百度于 2016 年推出的飞桨在 2021 年成为中国开发者使用最多的深度学习框架，在全球排名第三，开源至今，飞桨已拥有 535 万名开发者，服务了 20 万家企事业单位，创建了 67 万个模型。

基于芯片层和框架层的扎实的技术基础设施，模型层方面，百度在 2019 年发布文心大模型，它可以根据用户的描述生成文章、画作、视频等多种内容。从 2019 年文心 ERNIE 1.0 发布算起，文心大模型在公开权威语义评测中已斩获十余项世界冠军。该模型已更新迭代至文心 ERNIE 3.0，参数规模高达 2600 亿，几乎比谷歌 LaMDA（1350 亿）高了一倍，也高于 ChatGPT（1750 亿），是全球最大的中文单体模型。与此同时，文心 ERNIE 3.0 支持 AIGC。基于文心大模型，百度目前已发布 11 个行业大模型，大模型总量达 36 个，已构成业界规模最大的产业大模型体系。目前已大规模应用于搜索、信息流等互联网产品，并在工业、能源、金融、汽车、通信、媒体、教育等各行业落地应用。

在文心的支撑下，百度搜索引擎可以用更聪明的方式呈现搜索结果，如在百度手机 App 上搜索"北京和上海相比，谁的 GDP 高"，百度搜索引擎不会只返回谁高谁低的结果，而是生成两座城市历年 GDP 走势折线图，当用户的手指沿时间轴滑动折线图时，能显示不同年份的 GDP 差值。

2022 年，百度发布了"知一"跨模态大模型。跨模态是指可以理解文本、图片、视频等形态各异的数据。当用户提问"窗框缝隙漏水怎么办"，百度搜索引擎会提供一段优质的视频来回答，该视频还能自动定位到处理步骤的部分，方便快速查看。

在大语言模型中，中文更难被 AI 处理。百度搜索产品总监张燕蓟在 2023 年的 Create 大会前的沟通会中称，中文语义的理解难度远大于非中文，因此百度必须研发一个更难更复杂的大模型。

这些技术布局，往往始于技术微小之时，甚至被冠以"烧钱"的字眼。但也正是"十年饮冰"的坚持投入，使得百度 AI 大底座成了行业内首个全栈自研的智算基础设施。

4.2.3　还有很长的路要走

除深厚的技术积淀外，百度想要冲刺首发中国版 ChatGPT 还面临高昂的成本。

参数量 1750 亿，预训练数据量 45TB，据 Semianalysis 估算，ChatGPT 一次性训练费用就达 8.4 亿美元，生成一条信息的成本约 1.3 美分，是传统搜索引擎的 3 到 4 倍，这是 OpenAI 培育 ChatGPT 的成本，OpenAI 差点因此倒闭。后来者必须意识到，要同时拥有坚实的 AI 底座和充裕的资金。

而百度之所以敢于押注 ChatGPT，要归功于稳固的基础业务和健康的现金流。2022 年第三季度财报数据显示，报告期内，百度实现营收 325.4 亿元，保持稳健增长态势。其中，核心收入为 252 亿元，同比增长 2%。2022 年前 3 个季度，百度营收超 900 亿元，净利润为 133.9 亿元，同比增长 6.6%。截至 2022 年第三季度，百度账面现金及现金等价物为 551.64 亿元。纵观全局，百度在线营销业务的营收下降，取而代之的是云服务业务和其他创业业务的崛起。AI 生态的完善让百度核心价值大幅提升，广告业务不再是百度的唯一主线。

但百度并不能因此松一口气。虽然已经在 AI 的各个层面都有了较为全面的布局，并且具有中文世界里最大的数据库，但百度面临着一个更大的困境，即数据的质量问题，没有高质量的数据就难以训练出高质量的类 ChatGPT 产品。如果训练的数据质量及产品背后的规则不够清晰，结果可能就不会那么理性。

此外，ChatGPT 的商业模式仍不明确。在落地场景方面，ChatGPT 能否适应中国各行各业的碎片化转型需求，尚有待验证。李彦宏也坦言："ChatGPT 是 AI 技术发展到一定地步后产生的新机会。但怎么把这么酷的技术，变成人人都需要的好产品，这一步其实才是最难的、最伟大的，也是最能产生影响力的。"

百度和"文心一言"才刚刚出发，未来还有很长的路要走。对于人工智能而言，比拼的不单单是人工智能领域的技术研发，而是集人工智能研发、算力、芯片、数据等多方面的集成综合实力。

4.3 阿里巴巴：加速布局，展开防御

在微软拥抱 ChatGPT 之后，阿里巴巴也开始了行动。

4.3.1 通义大模型

2023 年 2 月 7 日，钉钉公众号称，其 App 可以在钉钉机器人里接入类似 ChatGPT 的功能，实现人机对话。对此，阿里巴巴回应这确实在研发中。将 AI 大模型技术与钉钉生产力工具深度结合是阿里巴巴过去几年在大模型领域持续布局的成果。

实际上，阿里巴巴集团旗下云计算部门"阿里云"、阿里达摩院等多个业务部分都在 AI 相关技术、产业链方面进行了布局。除提供底层服务器和云计算功能外，阿里巴巴还不断加强机器视觉和语音交互相关产品，在大模型等 AI 技术领域也具有相关技术储备，拥有国内领先的 AI 技术能力。

阿里研究院公布的信息显示，阿里达摩院在 2020 年初启动中文多模态预训练模型 M6 项目，并持续推出多个版本，参数逐步从百亿规模扩展到十万亿规模，在大模型、低碳 AI、AI 商业化、服务化等诸多方面取得突破性进展；2021 年 1 月，模型参数规模到达百亿，成为世界上最大的中文多模态模型；2021 年 5 月，具有万亿参数规模的模型正式投入使用，追上了谷歌的发展脚步；2020 年 10 月，M6 的参数规模扩展到 10 万亿，成为当时全球最大的 AI 预训练模型。

作为国内首个商业化落地的多模态大模型，阿里云 M6 已在超 40

个场景中应用，日调用量上亿。在阿里云内部，M6 大模型的应用包括但不限于犀牛智造为品牌设计的服饰已在淘宝上线，为天猫虚拟主播创作剧本，以及增进淘宝、支付宝等平台的搜索及内容认知精度等，还将设计、写作、问答在电商、制造业、文学艺术、科学研究等前景中落地。当然，这些应用与阿里电商本身的业务有直接的关系，也是其利用 AI 赋能电商的战略探索。

2022 年，在探索算力极限的同时，阿里巴巴积极展开了针对通用模型的探索。9 月 2 日，在阿里达摩院主办的世界人工智能大会"大规模预训练模型"主题论坛上，阿里巴巴发布了通义大模型系列，其打造了国内首个 AI 统一底座，并构建了通用与专业模型协同的层次化人工智能体系，将为 AI 从感知智能迈向知识驱动的认知智能提供先进的基础设施。

为了实现大模型的融会贯通，阿里达摩院在国内率先构建 AI 统一底座，在业界首次实现模态表示、任务表示、模型结构的统一。通过这种统一学习范式，通义统一底座中的单一 M6-OFA 模型，在不引入任何新增结构的情况下，可同时处理图像描述、视觉定位、文生图、视觉蕴含、文档摘要等十余项单模态和跨模态任务。这一突破最大限度地打通了 AI 的感官，受到学界和工业界广泛关注。

4.3.2　阿里电商会"失火"吗

ChatGPT 的出现，除让阿里巴巴加速布局 AI 领域外，同时冲击了其庞大的商业版图。

从阿里巴巴庞大商业版图的构成来看，阿里巴巴的业务大致可以分为核心商务、云计算及占比有限的数字媒体及娱乐、创新业务及其他四个部分。其中，以电商为主的商务，显然是阿里巴巴的基本盘。2021 年以前，阿里巴巴在电商行业的赚钱能力毋庸置疑，以 2018 年第三季度为例，阿里巴巴电商业务一天的利润就高达 3.3 亿元。

实际上，阿里巴巴最大的优势在于拥有的海量数据。过去十年，阿里巴巴的电商业务蒸蒸日上，用户数、交易量和峰值交易都达到了惊人的程度。核心电商业务为阿里 AI 积累了丰厚的 C 端数据，包括销售对话的数据与售后问题数据，使得阿里巴巴在产业竞争中拥有优势。

理论上，阿里巴巴是能够建立起类似于 ChatGPT 这样的 AI 大模型的，但这也意味着，如果按照 ChatGPT 的技术方式变革，阿里巴巴就要损失广告收入，因为 ChatGPT 的技术会根据用户的需求，直接给出最符合用户需求的建议结果。一直以来，中国电商部分是阿里巴巴的核心业绩支柱，根据阿里巴巴 2022 财年第四财季及全年财报，中国电商营收占比为 69%；国际电商营收占比为 7%。其中，广告及佣金的客户管理收入是阿里电商收入的重要来源。

不仅如此，阿里电商还面临一个现实的困境，就是电商流量红利的触顶。电商行业的竞争已经进入存量阶段，未来电商平台的增长已经不能再走拉新人的老路，怎么吸引并留住老用户是电商平台当下必须思考的问题。在这样的情况下，仍有越来越多的对手试图抢食电商这块蛋糕，这无疑对阿里巴巴造成了巨大的冲击。新零售方面有京东的挤压，下沉市场又有拼多多的强势崛起，直播电商有抖音的后来者居上，新业务方面还有美团等的壮大。而 ChatGPT 的出现意味着，在电商行业，任何一个后起之秀都可以基于 ChatGPT 构建精准的个性化推荐，形成强大的竞争力冲击电商业务。

比如，拼多多及更小的垂直类的电商平台反而会更有优势，因为他们只要借助于 ChatGPT 构建更加客观的推荐结果，反而可能更容易胜出。平台本身规模小，广告业务的收入相对也少，应用 ChatGPT 技术对他们过往的业绩与收入影响相对有限。不过，这些中小微企业的弊端就是不具备阿里巴巴在人工智能领域的实力。

与阿里巴巴拥有相同危机的是美团，理论上看，结合 ChatGPT 的技术，外卖平台就能直接根据用户的问题与需求情况给出最优选择，这也会使得美团的优先推荐的广告模式面临巨大挑战。尤其是对于美团来说，人工智能的研发层面优势并不明显。

总体来说，在 ChatGPT 这种划时代革命性的人工智能技术影响下，以及传统电商增速下行的趋势下，阿里巴巴也好，美团也罢，都面临着巨大的危机与挑战，如何应战，几乎成了摆在每一个电商平台面前的现实问题。

4.4 腾讯：看好并发力 AIGC

2023 年 2 月 9 日，腾讯对 ChatGPT 的热度表示，在相关方向上已有布局，专项研究也在有序推进。

4.4.1 混元大模型

腾讯持续投入 AI 等前沿技术的研发，基于此前在 AI 大模型、机器学习算法及 NLP 等领域的技术储备，将进一步开展前沿研究及应用探索。相关技术储备包括"混元"系列 AI 大模型、智能创作助手文涌（Effidit）等。

腾讯的混元大模型集 CV（计算机视觉）、NLP（自然语言理解）、多模态理解能力于一体。2022 年 5 月，腾讯混元大模型在 CLUE（中文语言理解评测集合）总排行榜、阅读理解、大规模知识图谱三个榜单上同时登顶；12 月，混元大模型推出国内首个低成本、可落地的 NLP 万亿大模型，并再次登顶自然语言理解任务榜单 CLUE。混元大模型用千亿模型热启动，在一天内即可完成万亿参数大模型 HunYuan-NLP 1T 的训练，整体训练成本为直接冷启动训练万亿模型的 1/8。

混元大模型在广告方面的应用可期。当前，随着企业产品的推广竞争越来越激烈，内容营销早已经不只是简单的性能介绍，还需要从人群、地域、话题、商品特性等层面找到融合之处，才能有效吸引消费者的关注及达成转化，从而真正帮助广告主实现生意增长。然而，当下互联网广告场景的参数体量已经非常大，广告业务也正在往短平快、多触点、全域链接的方向迅速发展，这都对广告系统的快速挖掘、灵活匹配提出了更高的要求。此时，广告系统的运算能力就发挥了不可或缺的作用，而大规模预训练模型，或者说大模型，正是广告系统的灵魂。

针对这些业务痛点，混元大模型具备强大的多模态理解能力，可将文字、图像和视频作为一个整体来理解，将广告更精准地推荐给合适的人群，在广告投放过程中快速实现起量。此外，腾讯广告还通过与广告主的合作，引入行业专业知识，进一步细化商品特征，收集并绑定相同产品的不同素材进行投放。

通过混元大模型获得更丰富的特征后，就可以联动腾讯广告大模型进行更准确、更高效的建模了。不仅如此，广告大模型本身也可作为一个通用底座，构建更多灵活的定制模型，适配各种应用场景。这就为满足不同广告主的差异化、精细化需求打下了基础。

从更好地理解商品开始，帮助商品更快地匹配对应的消费者，广告大模型强大的运算能力就是提升推荐效率的关键。在广告大模型运算能力的支持下，腾讯广告实现了以系统为主导的全域搜索，能够更快地搜索并挖掘用户与商品的潜在关系，大大提升人货匹配效率，找到更多的高成交人群。

亿级用户、海量广告内容对广告平台的承载和计算能力提出了更高的要求，腾讯自研的太极机器学习平台支持 10TB 级模型训练、TB 级模型推理和分钟级模型发布上线，为两大模型在业务场景实现 7×24 小时顺利运行提供了强大基建，保障了混元大模型、广告大模型的快速、稳定运行。

可以说，利用混元大模型的强化理解能力，以及通过广告大模型提升运算能力，再加上太极机器学习平台的支持，腾讯广告读懂了如何将大模型落地到业务场景的关键，并摸索出了一套独特的打法。

ChatGPT 的爆发加速了 AIGC 兴起。2023 年 2 月初，腾讯研究院发布了《AIGC 发展趋势报告 2023》。报告指出，AIGC 的商业化应用将快速成熟，市场规模会迅速壮大。AIGC 已经率先在传媒、电商、影视、娱乐等数字化程度高、内容需求丰富的行业取得重大进展，市场潜力逐渐显现。在广告领域，腾讯混元大模型能够支持广告智能制作，即利用 AIGC 将广告文案自动生成为广告视频，大大降低了广告视频的制作成本。巨大的应用前景将带来市场规模的快速增长。

报告还引用一份预测称，未来五年，10% 至 30% 的图片内容由 AI 参与生成，有望创造超过 600 亿元以上的市场规模。国外商业咨询机构预测，预计到 2030 年，AIGC 市场规模将达到 1100 亿美元。未来，混元大模型将会不断推进在文本内容生成、文生图等领域的持续升级。

4.4.2　腾讯的社交隐忧

腾讯作为"微信"这一国民级移动应用程序的拥有者，同时拥有中国最庞大的社交用户数据，这意味着腾讯能够基于这些数据训练社交类 ChatGPT 产品。但随之而来的问题是，虽然腾讯拥有庞大的社交用户数据，但这些数据在充斥着造谣传谣的信息流中，必然会对数据训练产生影响，进而影响最后的类 ChatGPT 产品效果。也就是说，微信的社交数据中很多是"脏"数据，要清洗与标注这些社交数据需要大量的人工与成本支出。比如，仅 2022 年 1 月至 6 月，腾讯微信安全中心通过用户投诉证据，核实确认后处理了 8790 个发布"违法违禁品"营销信息的微信个人账号。在庞大的数据中，如何筛选有质量的数据进行训练，对于腾讯而言，已经是一个亟待解决的现实问题。

另外，ChatGPT 的爆发对腾讯旗下的社交产品构成了挑战。以微信和 QQ 为例，从本质上看，它们是一种基于社交的信息交流方式，而 ChatGPT 本身就是一种智能信息交互与交流的技术。作为未来人机交互的一个新入口，ChatGPT 很可能改变现有社交平台的交互方式，以更为自然的对话方式，让用户使用软件和调用技能。

一直以来，微信交易生态空有流量，针对商业化与分发不精准的问题，尝试了多种商业变现的方式，但结果并不理想。而这却是 ChatGPT 的优势所在，当然，这也是腾讯更值得探索的方向，如通过 AIGC 来精准分发微信巨大的流量。

事实上，很难明确究竟是微信还是百度才是中文互联网最大的搜索引擎，根据微信官方数据，其"搜一搜"产品月活为 8 亿，以此计算，微信的搜索框才是中文第一大搜索入口。但微信搜索的体验有很大的提高余地，这将是腾讯开拓类 ChatGPT 的发挥舞台。

ChatGPT 所带来的另外一个挑战就是腾讯游戏业务。按照 ChatGPT 所突破的技术方向来看，结合 AIGC 就能自主创作游戏，并且可以让游戏根据不同的用户实时形成个性化、差异化。这就意味着对于游戏行业而言，传统的游戏研发已经不是游戏行业的核心竞争优势，话语权转向了拥有类 ChatGPT 的人工智能平台的公司。

显然，我们期待腾讯研发出新型社交技术与新型游戏技术。

4.5　字节跳动：能否守住流量城池

相较于百度、阿里巴巴和腾讯来说，字节跳动无疑是中国互联网行业的后起之秀。2012 年，以建设"全球创作与交流平台"为愿景的北京字节跳动科技有限公司成立，是最早将人工智能应用于移动互联网场景的科技企业之一。

目前，字节跳动的旗下产品有今日头条、抖音、西瓜视频、快懂百科、TikTok 等。有着"App 工厂"之称的字节跳动，会如何面对 ChatGPT 的浪潮和挑战？

4.5.1　神秘的算法机制

在 2018 世界人工智能大会上，字节跳动副总裁、人工智能实验室负责人马维英表示，技术出海是字节跳动全球化发展的核心战略，人工智能技术则是字节跳动全球化取得进展的关键。

为实现核心战略，字节跳动需要一个强大的人工智能团队提供支持。2016 年，字节跳动 AI Lab（人工智能实验室）应运而生，为平台输出海量内容提供 AI 技术支持。AI Lab 对自身的定位，是作为公司内部的研究所和技术服务商。2018 年，AI Lab 计算机视觉、自然语言处理、机器学习、系统和网络的团队人数同比增加一倍，而语音处理、音频处理、安全及美国 AI Lab 的团队人数也飞速增长。

AI Lab 已将很多 AI 技术应用到实际产品中，我们相对比较熟悉的可能是在抖音、西瓜视频、TikTok 等 App 中的应用，如把手机摄像头变成人工智能相机，抖音与 TikTok 的美颜、美体、滤镜、人体人脸关键点识别、手势识别等，背后都是由 AI Lab 团队提供服务的。

在 AIGC 方向，字节跳动的研究成果包括非自回归模型 DA-Transformer、端到端语音到文本翻译模型 ConST、多颗粒度的视觉语言模型 X-VLM、图片和文本统一生成模型 DaVinci 等。其中，DA-Transformer 在机器翻译上首次达到了 Transformer 同样的精度，而处理的速度提高了 7～14 倍。DA-Transformer 不仅可以用于机器翻译，而且可以用于任意的序列到序列任务。

事实上，类比 ChatGPT，今日头条甚至更早研发出了用于新闻内容生成的 AI 平台——张小明（xiaomingbot），既能针对数据库中表格数据和知识库生成比赛结果报道，还可以利用体育比赛文字直播精练合成比赛过程的总结报道。在里约奥运会上，张小明撰写了 457 篇关于羽毛球、乒乓球、网球的消息简讯和赛事报道，囊括了从小组赛到决赛的所有赛事。

除此以外，抖音的特效玩法 AI 绘画火速"出圈"：只要输入一张图片，AI 绘画就会根据图片生成一张动漫风格的图片。AI 绘画一经上线就激发了用户的参与热情，每秒最高使用量达 1W+，衍生出了多种应用场景，风格融合了日漫、国漫和韩漫，成为抖音在 AI 特效方向的里程碑。

4.5.2　如何杀出重围

不可否认，作为互联网科技行业的后起之秀，字节跳动已经在 AI 领域获得不错的成绩。不过，面对 ChatGPT 的冲击，虽然字节跳动曾经以独特的算法技术获得优势，但是这些年扩展得太快，在 AI

尤其是类 ChatGPT 技术方面，字节跳动的技术储备还相对较弱。

以字节跳动旗下产品今日头条和抖音为例，多数人对"今日头条"的印象是一家泛媒体平台，但字节跳动却认为自己是一家 AI 公司。因为不管是今日头条还是抖音，字节跳动很少自己生产内容，而是鼓励用户进行创作，并把用户创作的内容推荐给最适宜的用户群体。

这就是为什么字节跳动的核心系统包括头条推荐系统与广告系统、评论系统，以及内容合规性审核系统，这背后实际上就是 AI 技术在不同领域或场景的应用。用 AI 做推荐，是字节跳动的重要战略，也是其应用最广的技术。

然而，面对 AIGC 的兴起，再加上 ChatGPT 的最优结果推荐模式，字节跳动原先的推荐模式必将受到冲击。比如，用户想了解哪方面的问题，并需要以视频方式呈现，ChatGPT 结合 AIGC 就能够自动生成短视频给出答案。

与此同时，字节跳动还面临着激烈的行业竞争，尤其是在短视频方面。对于抖音来说，一方面是快手瓜分流量，另一方面是长视频平台、视频号及各种新媒体的视频号构成的冲击，如何留住流量、增长流量成为抖音的现实难题。同样，TikTok 则面临着 ChatGPT、Meta、YouTube 等围绕人工智能技术所带来的压力。

其实，短视频与其他互联网内容的商业模式类似，本质是注意力经济。"关注"是人类与生俱来的能力，每个人同时是注意力的生产者和消费者，获得更多的注意力意味着更强的影响力，拥有更多的资源和财富。因此，作为多方主体的连接者，短视频平台可以控制流量的"闸门"。如果快手或者其他的短视频平台能够先于字节跳动做出基于 ChatGPT 及 AIGC 的短视频平台，那么字节跳动的核心业务就将受到强烈冲击。

并且，与阿里巴巴、百度、腾讯等企业相比，字节跳动缺乏云业务。2021 年 6 月，字节跳动才推出旗下企业技术服务平台"火山引擎"。火山引擎被外界称为"字节云"，它与协同办公平台飞书共同构成了字节跳动的 ToB 服务体系。要知道，"云"的价值在于庞大的数据。阿里巴巴、腾讯、华为愿意为亏损的云业务投入多年，原因就在于"云"是数字经济的底座，它的战略价值无法忽略。

总体来说，能否在这场应对 ChatGPT 的鏖战之中杀出重围，还要看字节跳动是否具有训练大模型的能力并产生真正的技术壁垒，实现从数据积累到模型结构设计、训练推理的转变，把内容生成技术与自身的商业场景优势相结合，实现 AIGC 的巨大变革。

4.6 京东：打造产业版 ChatGPT

当前，人工智能技术已步入全方位商业化阶段，并对传统行业各参与方产生不同程度的影响。京东连接着消费互联网和产业互联网，涉及零售、物流、工业品、金融等业务板块，对于 AI 在产业各个环节中的落地，京东可谓是清楚的。京东表示，将不断结合 ChatGPT 的方法和技术，融入产品服务。

4.6.1 走向"产业 AI"

AI 真正激活产业价值的方式是融入产业，成为一种高可用的基础技术与基础设施，这也是京东一直以来在 AI 领域的战略。

从技术角度来看，京东在 AI 产业的布局，主要聚焦文本生成、语音生成、对话生成、数字人生成和通用型 Chat AI 五个方面。

在文本生成方面，从 2019 年开始，基于自研领域模型 K-PLUG（参数量 10 亿），京东平台根据商品的最小存货单位，自动生成长度不等的商品文案，包括商品标题（10 个字）、商品卖点文案（100 个字）、商品直播文案（500 个字）三类，聚焦商品文案生成。商品文案写作功能已经覆盖 2000 多个京东品类，已累计生成文案 30 多亿字。

在语音生成方面，从 2018 年开始，京东自研语音生成技术，已形成 6.1 版本。京东定制化的精品音色只需要 30 分钟的训练数据，小样本个性化音色克隆只需要 10 句话的训练样本。482 人次的对比盲测显示，多颗粒度韵律增强的语音合成技术达到业内领先，并支持中文、英文、泰语以及广东话、成都话等方言。语音合成主要应用于京东智能客服、SaaS 外呼、金融、AI 直播等产品。

在对话生成方面，不同于闲聊式对话，任务导向性对话与体验强相关，需要解决真实世界深度复杂的任务。针对多样化复杂场景下对话决策推理能力弱的问题，京东言犀推出了可解释的多跳推理、数值推理和高噪声场景下口语化表达的话语权决策新方法，实现了多轮对话从信息匹配到复杂推理的技术突破。在 WikiHop 数据集上，言犀以 74.3% 的准确率，首次超越人类表现水平为 74.1% 的准确率。此外，言犀作为智能人机交互平台可以为京东 17.8 万户商家提供智能咨询与导购服务，为商家节省 30% 的人力成本，服务已覆盖零售行业超过 80% 的品类，以及 50% 的京东平台商家，包括美的、华为、联想等品牌。

在数字人生成方面，京东云从 2021 年开始研发数字人技术，已具备全栈自研的 2D 孪生、3D 写实和 3D 卡通三类数字人合成技术。目前，数字人技术产品已广泛应用于政务、金融、零售直播等领域。

在通用型 Chat AI 方面，自 2020 年发布言犀以来，京东积极打造创新对话与交互技术、产品，包括京东智能客服系统、京小智平台商家服务系统、智能金融服务大脑、智能政务热线、言犀智能外呼、言犀数字人等，2022 年通过文本、语音、数字人等多模态多轮对话方式在多样化的场景上共服务京东域内外用户 14 亿人次。

通过构建这些技术成果，京东在零售、物流、金融、健康等业务方面不断加速 AI 应用的落地，并搭建起京东的产业 AI 全景图。2019 年，京东就入选了国家新一代智能供应链人工智能开放创新平台，

2022 年，该平台拥有"1+6+N"能力体系，N 代表了京东 AI 赋能的诸多场景，从城市、金融、互联网到交通、教育、医疗、农业等。目前，京东 AI 技术已经服务了全国 80 多座城市、880 家金融机构、1821 家大型企业、195 万家中小微企业。

4.6.2　发布"125"计划

2023 年 2 月 10 日，京东云公布将推出"产业版"ChatGPT——ChatJD，以及 ChatJD 的落地应用路线图"125"计划。

京东云指出，ChatGPT 在通用性方面已经展现出强大的能力，但在忠实度、可信度、精准度方面还存在一些不足，这主要是由于在中间层缺少垂直的产业知识和领域知识，难以在真实应用层广泛落地开花。

因此，基于产业需求，京东云旗下言犀智能人机交互平台将推出 ChatJD，定位为产业版 ChatGPT，旨在打造优势、高频、刚需的产业版通用 ChatGPT。ChatJD 将通过在垂直产业的深耕，快速达成落地应用的标准，并不断推动不同产业之间的泛化，形成更多的通用产业版 ChatGPT，构建数据和模型的飞轮，以细分、真实、专业场景日臻完善的平台能力，最终反哺和完善通用 ChatGPT 的产业应用能力。

与传统聊天机器人相比，ChatJD 场景更加垂直。聚焦于任务型多轮对话，考量的是对话的精准度、客户的满意度，满足成本、体验、价格、产品、服务等要素的要求。具体来看，ChatJD 将以"125"计划作为落地应用路线图，包含一个平台、两个领域、五个应用。

一个平台是指 ChatJD 智能人机对话平台，即自然语言处理中理解和生成任务的对话平台，预计参数量达千亿级；两个领域则是零售、金融，得益于京东云在零售与金融领域 10 余年真实场景的深耕与沉淀，已拥有 4 层知识体系、40 多个独立子系统、3000 多个意图以及 3000 万个高质量问答知识点，覆盖超过 1000 万种自营商品的电商知识图谱，更加垂直与聚焦；五个应用包括内容生成、人机对话、用户意图理解、信息抽取、情感分类，涵盖零售和金融行业复用程度最高的应用场景，在客户咨询与服务、营销文案生成、商品摘要生成、电商直播、数字人、研报生成、金融分析等领域将发挥广泛的落地价值。

实际上，这些计划也是京东既有工作的延续。在通用型 Chat AI 方向，京东云已经拥有京东智能客服系统、京小智平台商家服务系统、智能金融服务大脑等系列产品和解决方案。拆解到细分技术领域，京东云在文本生成、对话生成、数字人生成等方向已经做出了一些成果。以语言生成为例，京东 NLP 团队提出的基于领域知识增强的预训练语言模型 K-PLUG 可以在一定程度上解决生成文本的"可控性"问题，应用于京东发现好货频道、搭配购、AI 直播带货等。

值得一提的是，虽然京东认为 ChatGPT 在忠实度、可信度、精准度方面还存在一些不足，但基于 ChatGPT 的二次开发、定制依然会对京东当前的 AI 落地造成冲击。越来越多的人利用 ChatGPT 的学习能力，构建形成工具和定制化服务，这将成为一个新的行业，从简单的 Chrome 插件到调用 ChatGPT 的接口进行各种行业的应用创新。并且，ChatGPT 正在进入各个行业，产生新的应用场景，从而形成各个垂直行业的领域性智能问答服务，带来新的行业创新及其他形式的应用。显然，在 AI 产业落地化方面，京东在人工智能方面的实力也面临着现实的压力，这也是当前京东产业版 ChatGPT 落地需要面对的现实问题。

4.7 AI 产业的"二次洗牌"

随着热度不断走高、资本蜂拥而至，ChatGPT 概念股风云涌动。

4.7.1 狂潮下的虚假繁荣

ChatGPT 火爆后，中国 A 股市场的人工智能相关股票大幅飙升，其中不乏借助于 ChatGPT 概念炒作的公司。很快，ChatGPT 概念股"画风突变"，多家明确回应与 ChatGPT 无关联。比如，被称为国内"AI 四小龙"之一的云从科技，几周内累计涨幅就已超 40%。直到 2023 年 2 月 6 日，云从科技发布股票交易严重异常波动公告称："公司未与 OpenAI 开展合作，ChatGPT 的产品和服务未给公司带来业务收入。"

几乎同时，海天瑞声也发布公告表示，近年来，公司收入结构中有大约 90% 的贡献来自智能语音和计算机视觉业务领域；自然语言业务对公司的整体贡献约 10%，未来其是否能快速发展成为公司的核心支柱之一，将受市场需求、竞争环境等因素的影响，存在较大的不确定性。截至公告披露日，公司尚未与 OpenAI 开展合作，ChatGPT 的产品和服务尚未给公司带来业务收入。

事实上，在因 ChatGPT 大涨的概念股中，鲜有公司真正拥有与 ChatGPT 高度相近的业务或者技术，大都是业务同在 AI 技术领域。比如，汉王科技在 C 端市场主打电纸书、电子手写板等产品，B 端市场除扫描仪、触控一体机等产品外，还提供智慧办公、智慧教育等一系列解决方案，暂未有 AIGC 相关或者能够体现 AI 多轮对话能力的产品，但在核心技术上涉及 NLP 等 ChatGPT 所需技术。

事实是，虽然从研发和商用化的角度考虑，ChatGPT 是一个具有革新意义的产品，但并不是每家企业都能参与其中的。对于人工智能技术而言，一旦在一个领域的应用获得了根本性的突破，就意味着即将引发新一轮的产业与商业革命。而根本性的突破依赖于形成核心技术而非概念的关联性炒作。

4.7.2　商汤科技还有可能吗

作为领先的 AI 技术软件公司，商汤科技曾因集中了人工智能领域中顶尖的华人科学家，风头一时无两。

不可否认，商汤科技有其独到的优势。以计算机视觉技术（CV）起家的商汤科技成立于 2014 年，具有"优等生"特色，无论是算法还是算力，商汤科技在同行业都位列前茅，而且有自研的人工智能专用芯片。

但同时，商汤科技难掩其持续亏损的事实。过去几年，商汤科技在"AI 四小龙"中体量最大，营收是旷视科技的两倍多，是云从科技、依图科技的三倍甚至更多，商汤科技的毛利率在四家公司中也是最高的，从 2018 年的 56.48% 上涨到 2021 年的 72.95%。然而，体量越大，亏损越多。对于商汤科技而言，2018 年至 2021 年，公司归母净利润均为亏损且在加剧，分别为 34.28 亿元、49.63 亿元、121.58 亿元、171.4 亿元。

2021 年上半年，商汤科技研发的投入超过了营收，商汤科技将自身定位为用技术赋能百业、行业领先的 AI 软件平台型公司，但商汤科技的 AI 商业化却一直是"老大难"问题。

如今，随着 ChatGPT 的爆发，商汤科技或许将迎来强大的商业化落地的机会。2022 年 12 月，商汤科技为宁波银行上海分行打造的 001 号数字人员工"小宁"主持了一场虚实结合的线上直播活动，该数字人员工基于商汤科技原创的"虚拟 IP 解决方案"及多种领先的 AI 技术，可以实现高效率、低成本的 AIGC 内容创作，助力银行实现前端业务的用户累积和营销转化。

根据 IDC 发布的《中国 2022 H1 人工智能软件及应用市场追踪报告》，商汤科技在中国 AI 软件及应用市场名列前茅，成为市场领导者。同时，在关键的计算机视觉子市场，商汤科技连续六年蝉联第一，整体市场份额占比为 20.7%。

目前，基于 SenseCore AI 大装置，商汤科技通过规模化量产商用模型推动大规模产业智能化升级。商汤科技正在构建一站式 AI 基础服务平台——商汤大装置 AI 云 SenseCore，实现人工智能即服务 AIaaS（AI-as-a-Service）。相关消息提振了港股 AI 板块，2023 年 1 月末至 2 月初，商汤-W（00020.HK）累计涨幅近 30%。

ChatGPT 所引领的人工智能之风席卷而来，商汤面临着巨大的挑战。一方面是训练类 ChatGPT 产品需要投入更多的成本，另一方面是公司短时间见不到扭亏为盈的可能性。"实验室和商业社会的鸿沟"曾是商汤科技成功的原因，也是其后来受到掣肘的原因。这意味着，商汤科技仍需要从早期普遍强调技术优势，过渡到更加注重产品化、更加融合生态、更加解决实际问题的商业化发展阶段。

4.7.3 积极集成 ChatGPT 相关技术

在 ChatGPT 概念股中，一些下游企业看好 ChatGPT 的应用前景，并已经积极地将 ChatGPT 服务集成到自家业务中。

信息安全龙头企业北信源表示，其打造的通信聚合平台信源密信可通过 DDIO 开发接口与任意智能机器人进行快速对接，并已实现与 ChatGPT 对接，如果"文心一言"支持开放对接，信源密信能实现与其进行快速对接。

机器视觉龙头企业凌云光表示，公司虚拟数字人已经在使用 ChatGPT 类似技术，也在测试使用 ChatGPT 相关技术。据媒体报道，江苏银行已尝试运用 ChatGPT 技术提升软件开发生产力，进一步提高科技运营效能，为客户创造更好的对话体验。管理软件供应商久其软件表示，其子公司华夏电通正在研发的法律 AI 引擎用到了 AI 自动生成内容相关技术，但公司未对 AIGC 收入情况做单独统计。

一些 ChatGPT 概念股企业明确表示，计划将 ChatGPT 相关技术引入自己的产品或业务中。

2023 年 2 月 8 日，国内纺织梳理器材龙头企业物产金轮在互动平台上表示，其参股公司灵伴科技在 2020 年 4 月底发布长音频 AIGC 平台"呱呱有声"，提供有声内容制作全流程 AI 生成与辅助能力，可实现从"文本"到"作品"的全流程一体化智能生产方式。灵伴科技正在 GPT 大规模语言模型和 RHLF 人工反馈强化学习能力的基础上，构建可持续自主学习的通用领域智慧型对话机器人。同日，国内游戏巨头昆仑万维表示，其旗下的 Opera 浏览器计划接入 ChatGPT 功能，不断利用 AI 技术赋能业务发展。

以 IP 为核心的元宇宙营销科技服务机构元隆雅图表示，公司非常关注 AIGC 和 ChatGPT 等前沿技术的发展，正在研究相关技术与公司业务相结合的应用场景。

安防企业声迅股份亦称，高度关注 ChatGPT 相关的行业化应用，探索 ChatGPT 与公司业务的结合点。GAN、Transformer、扩散模型等 AI 生成内容模型在公司的禁带品识别产品、视频分析产品中有应用。

这些公司所披露的信息是否属实，是否属于借机炒作尚难以定论。但至少可以让我们看到，各行各业因为 ChatGPT 的出现，意识到了人工智能时代的热潮，并且都在积极布局与探索，寻求与 ChatGPT 或同类技术的合作，以此来赋能与探索行业的升级。

总体来说，ChatGPT 想要走向市场，不能忽略的一个问题就是 ChatGPT 的经济性。一直以来，训练阶段的沉没成本过高，导致人工智能应用早期很难从商业角度量化价值。随着算力的不断提高、场景的增多、翻倍的成本和能耗，人工智能的经济性将成为横亘在所有公司面前的问题。对于投资者而言，需要谨慎对待科技概念热潮下的炒作，找到真正具备人工智能核心技术优势的公司，而不是处于理论与宣传层面的公司。

不论我们是否愿意，ChatGPT 引发的人工智能新时代已经开启。全世界都将基于人工智能开展新一轮的竞争，而技术所引发的商业变革将波及各行各业。也正因新技术的出现，人类社会将开辟出新的商业文明。

第5章

ChatGPT
要革谁的命

5.1 ChatGPT 重新定义搜索查询

作为 AI 领域的现象级应用，ChatGPT 带来了空前的讨论热度，"能否取代搜索引擎"可能是讨论最多的话题之一，毕竟 ChatGPT 本身可以被理解为一个基于深度学习的聊天机器人。

这也是为什么 ChatGPT 的出现让谷歌拉响"红色警报"，因为谷歌搜索引擎的本质是大数据信息检索，谷歌最大的优势就在于搜索引擎。但 ChatGPT 不仅能做信息检索，还能给出经过分析后的结果。因此，当人们都去用 ChatGPT 这样的聊天机器人获取信息，就没有人会点击带有广告的谷歌链接了。那么，ChatGPT 真的会取代搜索引擎吗？

5.1.1 降维打击搜索引擎

ChatGPT 认为"ChatGPT 并不是搜索引擎，它的目的不是提供信息搜索。相对于搜索引擎通过索引网页并匹配搜索词来提供信息，ChatGPT 是通过对自然语言问题的回答来帮助用户解决问题的。因此，两者之间没有直接的竞争关系，并不能相互颠覆"。尽管 ChatGPT 自己给出了"否定"回答，但在理论上，ChatGPT 是可以取代传统搜索引擎的，甚至是降维打击。

从满足个人信息需求的过程来看，分为几个步骤，第一步是对意图的理解，第二步是去寻找合适的信息，第三步是寻找到合适的信息之后做理解和整合，第四步可能就是回答。当前传统的搜索引擎，无论是谷歌还是百度，或者是其他搜索引擎，都跳过了第三步，即理解意图，随后进行信息的寻找和匹配，再进行呈现。于是，在传统的搜索模式中，我们输入问题，搜索引擎会返回一些片段，通常是返回链接列表。

ChatGPT 却在这个基础上，补充了理解和整合。事实上，这也是搜索引擎发展的方向，比如，谷歌就在进行这方面的研究，只不过 ChatGPT 突然诞生，率先完成了这一步骤，且效率高过传统搜索引擎。这也正是 ChatGPT 的优势。

具体来看，ChatGPT 或聊天机器人本身已经是一个比较完备的载体了。ChatGPT 并不局限于搜索，还可以提供追问的答案。如果用户有需要，ChatGPT 还可以告诉用户，自己这样分析与建议的依据及来源。

当然，GPT-3 版本还无法取代搜索引擎。一个最重要的原因是，ChatGPT 自发布以来就被诟病的问题——准确率不够高。对于一些知识类型的问题，ChatGPT 会给出看上去很有道理，却是错误答案的内容。考虑到 ChatGPT 对很多问题又能回答得很好，这将会给用户造成困扰，并非完全错误但又不够准确的答案会混淆我们的判断。

这种情况是在意料之中的，GPT-3 所训练的数据库还非常有限。同时，在严格意义上，GPT-3 还只是一个测试产品，开放给公众进行互动，存在着各种各样的问题是在所难免的。

总体来说，虽然 ChatGPT 还无法取代搜索引擎，但 ChatGPT 的出现已经对搜索引擎造成了冲击——相对于谷歌搜索引擎抓取数十亿个网页内容编制索引，然后按照最相关的答案对其进行排名，列出许多链接来让你点击，ChatGPT 能够直接基于自己的搜索和信息综合单一答案，回复流程简便。

实际上，从传统搜索引擎到 ChatGPT 的质变，是人类信息获取方式的进一步发展。尤其是在人类步入大数据时代之后，寻找信息几乎是所有人的困境。科技越不发达的时代，信息搜索的成本越高。在古时，人们需要跨越山海去获取信息；黄页和百科全书的出现，将我们最常见的问题的答案打包，捆绑在方便的模块中，于是，本来我们需要去图书馆或咨询别人才能解答的问题，在几分钟内就可以得到解决。

而现在，ChatGPT 的出现让问题和答案之间的距离进一步缩短，人类获取信息的效率又往前大踏了一步。

5.1.2　融合后变身高级助理

面对 ChatGPT 的冲击，搜索引擎除被代替外，还有一条路可以选择，就是与 ChatGPT 结合。微软率先做出了这样的探索。

2023 年 2 月 7 日，微软在美国华盛顿州雷德蒙德的公司总部正式推出采用 ChatGPT AI 技术的全新 Bing 搜索引擎，并将新版 Bing 整合进新版 Edge 网络浏览器中，以提高其搜索准确性和效率，致力于将"搜索、浏览和聊天进行整合，为用户提供更优质的搜索场景、更全面的回答、全新的聊天体验和内容生产能力"。

新版 Bing 体现出三个不同于传统搜索引擎的特征。

首先，在新版 Bing 上进行搜索后，可以质询结果，而不仅是重新输入关键词查询。比如，通过传统搜索引擎的搜索框查询搜索"占比最大的软件类型"时，它给出的答案可能是"企业软件"，并给出了这一答案的信息来源于何处。而使用新版 Bing，在搜索结果页面的顶部不仅会出现结论，在其下方还增设了一个聊天文本框，方便我们对结论提出疑问。比如，我们质疑搜索结果——输入"是真的吗"，新版 Bing 会提供更多的内容来验证之前的结论。

在测试中，新版 Bing 显示："可能有人会说，搜索引擎广告是世界上收入占比最大的软件类别"，并指出市面上存在许多方法来评估不同的软件类型。而这一点，在我们使用传统搜索引擎时并不会出现。也就是说，新版 Bing 在传统搜索引擎模式下新增了智能的多轮对话能力，让搜索体验更佳。

其次，新版 Bing 提供的搜索结果可以超出搜索的内容范畴，这能够帮助搜索者了解更多相关的内容。比如，我们在传统搜索引擎中输入"如果我想了解德国表现主义的概念，我应该看、听和读哪些电影、音乐或文学作品"，传统搜索引擎可能会列出代表德国表现主义的电影、音乐、文学作品的链接，但也仅限于这些。而将同一问题输入新版 Bing 后，它不仅能提供代表德国表现主义的电影、音乐和文学作品列表，还为用户额外提供有关这一艺术运动的相关背景信息。这个搜索结果看起来就像维基百科上关于德国表现主义的条目，同时配有链接原始材料的脚注，以及符合提问要求的流派示例。

最后，新版 Bing 能提供更人性化的建议。比如，用户想要一个健身与饮食计划，在传统搜索引擎上输入"创建一个体重为 57 公斤、身高为 180 厘米的 1 个月增重 4 公斤的男性健身与饮食计划"，传统搜索引擎会显示关于男性健身饮食计划的相关内容，但并非针对性的建议。而在 ChatGPT 上询问这个问题的话，它的答案会显示一个项目符号列表，列出它建议的健身计划和饮食计划，包括举重、有氧运动，以及多吃"富含蛋白质、健康脂肪和复杂碳水化合物的晚餐"如鲑鱼配藜麦和蔬菜。但询问新版 Bing 这一问题时，它会指出，一个人在 1 个月内增重 4 公斤可能是不现实的，并警告说这样做对人体健康有"潜在危害"，获得这么多的肌肉量可能"需要良好的遗传潜力或类固醇，或两者兼而有之"。当新版 Bing 意识到搜索查询结果中包含一个潜在的有害前提时，它还会建议用户"请调整你的预期，设置一个更合理和可持续的目标"。

另外，新版 Bing 可以帮助用户自动生成旅行计划。以往我们在做旅行计划的时候，往往要花很多时间在网络上找攻略，筛选内容，再个性化定制计划。比如，在搜索框中输入"为我和我的家人创建一个云南 5 日游计划"，新版 Bing 会直接生成非常完整的 5 日旅行计划，包括每一天分别去哪些地方、推荐吃什么，如果追问"哪里有夜市"，它也能秒出答案。新版 Bing 甚至可以按照电子邮件的标准格式为你写一个旅行计划的总结邮件，并给出一个温馨的结尾。

可以说，整合了 ChatGPT 的新版 Bing 集搜索、浏览、聊天于一体，给人们带来了前所未有的全新体验：更高效的搜索、更完整的答案、更自然的聊天，还有高效生成文本和编程的新功能。也就是说，搜索引擎不再只是查询工具，它已经变成了人们的高级助理。微软 CEO 萨蒂亚·纳德拉对此表示，网页搜索的模式已经停滞数十年，而 AI 的加入将让搜索进入全新的阶段。

5.2　GhatGPT 颠覆内容生产

进入 2023 年，ChatGPT 逐渐从聊天工具向效率工具迈进，各种应用场景被不断挖掘出来。显然，ChatGPT 不是简单的智能问答系统，它可以生成各种各样的文书。而 ChatGPT 先行引发的就是内容生产模式的变革。

5.2.1　从 PGC 到 AIGC

今天的时代是一个"内容消费时代"，文章、音乐、视频甚至游戏都是内容。既然有消费，自然就有生产，随着技术的不断更迭，内容生产也经历了不同的阶段。

PGC（Professional Generated Content）是传统媒体时代及互联网时代早期的内容生产方式，特指专业生产内容。一般由专业化团队操刀，制作门槛较高、生产周期较长的内容，最终用于商业变现，如电视、电影和游戏等。PGC 时代也是门户网站的时代，从国内市场看，这个时代的标志就是以资讯类"四大门户网站"为主流。

1998 年，以四通利方论坛为基础，新浪网创立；1999 年对突发重大新闻的报道，奠定了新浪门户网站的地位。1998 年 5 月，起初主打搜索和邮箱的网易，开始向门户网站模式转型。1999 年，搜狐推出新闻及内容频道，确定了其综合门户网站的雏形。2003 年 11 月，腾讯公司推出腾讯网，正式向综合门户网站进军。

所有这些网站在发展初期，每天要生成大量的内容，而这些内容并不是由网友提供的，而是来自网站编辑。编辑人员要完成采集、录入、审核、发布等一系列流程，发布的内容在文字、标题、图片、排版等方面，均体现了较高的专业性。随后的一段时间里，各类媒体、企事业单位、社会团体纷纷建立自己的官方网站，内容生产方式都是 PGC。

随着论坛、博客，以及移动互联网的兴起，内容生产进入 UGC 时代。UGC（User Generated Content）指用户生成内容，即用户将自己原创的内容通过互联网平台进行展示或者提供给其他用户。微博的兴起降低了用户发布信息的门槛；智能手机的普及让更多的普通人也能创作图片、视频等数字内容，并分享到短视频平台上；移动网络的进一步提速，更是让普通人也能进行实时直播。UGC 不仅数量越来越大，而且种类、形式越来越多，推荐算法的应用更是让消费者能迅速找到满足自己个性化需求的 UGC。

纵观 UGC 的发展历程，一方面是因为技术的进步降低了内容生产的门槛，在这样的背景下，消费者的基数远比已有生产者的数量庞大，让大量的消费者参与内容生产，毫无疑问能大大释放内容生产力。另一方面，理论上，消费者作为内容的使用对象，最了解自己对于内容的需求，将内容生产的环节交给消费者，能最大限度地满足内容个性化的需求。

值得一提的是，在互联网的 PGC 时代，并不意味着完全替代了 UGC 方式，只不过由于 UGC 的成本和门槛都相对较高，而呈现出整体性的 PGC 特征。如今我们所处的内容生产时代，其实是 UGC 和 PGC 混合的时代。UGC 将数字内容的供应扩容，满足了人们个性化及多样性的内容需求。

随着以 ChatGPT 为代表的 AI 聊天机器人技术的兴起，互联网又迎来了新的内容生产方式，那就是人工智能内容生产，即 AIGC。事实上，随着 AI 技术的发展与完善，其丰富的知识图谱、自生成及涌现性的特征，会在内容的创作方面为人类带来前所未有的帮助，如帮助人类提高内容生产的效率、丰富内容生产的多样性及提供更加动态且可交互的内容。

5.2.2　AIGC 重构内容生产法则

一直以来，AI 的发展使其具有了处理人类语言的能力，从字词、语句到篇章进行的深入探索，使 AIGC 成为可能。

1962 年，最早的诗歌写作软件 "Auto-beatnik" 诞生于美国。1998 年，"小说家 Brutus" 能够在 15 秒内生成一部情节衔接合理的短篇小说。

进入 21 世纪，机器与人类协同创作的情况更加普遍，各种写作软件层出不穷，用户只需输入关键字就可以获得系统自动生成的作品。清华大学 "九歌" 计算机中文诗词创作系统和微软亚洲研究院所研发的 "微软对联" 是其中技术较为成熟的代表。并且，随着计算机和信息技术的不断进步，AIGC 的创作水平也日益提高。2016 年，AIGC 生成的短篇小说被日本研究者送上了 "星新一文学奖" 的舞台，并成功突破评委的筛选，顺利入围，表现出了不逊于人类作家的写作水平。

2017 年 5 月，微软 "小冰" 出版了第一部人工智能诗集《阳光失了玻璃窗》，其中部分诗作在《青年文学》等刊物发表或在互联网发布，并宣布享有作品的著作权和知识产权。2019 年，微软 "小冰" 与人类作者共同创作了诗集《花是绿水的沉默》，这也是世界上第一部由智能机器和人类共同创作的文学作品。2020 年 6 月 29 日，经上海音乐学院音乐工程系评定，微软"小冰"与上海音乐学院音乐工程系音乐科技专业毕业生一起毕业，并被授予"荣誉毕业生"称号。

可见，AIGC 作为内容生产的一种全新生成方式，不同于对人类智能的单一模仿，而呈现出人机协同不断深入、作品质量不断提高的蓬勃局面。AIGC 的创作实践也在客观上推动了既有的艺术生产方式发生改变，为新的艺术形态做出了技术上和实践上的必要铺垫。

一方面，AIGC 作为一种新的技术工具和艺术创作的媒介，革新了艺术创作的理念，为当代艺术实践注入了新的发展活力。对于非人格化的智能机器来说，"快笔小新"能够在 3～5 秒内完成人类需要花费 15～30 分钟才能完成的新闻稿件，"九歌"可以在几秒内生成七言律诗、藏头诗或五言绝句。显然，AIGC 拥有无限的存储空间和永不衰竭的创作热情，并且随着语料库的无限扩容具有孜孜不倦的学习能力，这都是人脑存储、学习与创作精力的有限所无法比拟的。

另一方面，AIGC 在与人类作者协同生成文本的过程中打破了创作主体的边界，成为未来人格化程度更高的机器作者的先导。比如，对于微软"小冰"，研发者宣称它不仅具备深度学习基础上的识图辨音能力和强大的创造力，还拥有"智商"，与此前几十年内中间技术形态的机器早已存在本质上的差异。正如"小冰"在诗歌中做出的自我陈述："在这世界，我有美的意义。"

斯坦福大学商学院组织行为学专业副教授米哈尔·科辛斯基针对 ChatGPT 做了一项研究，得出的结论引发了关注。结论形成的论文名为《心智理论可能在大语言模型中自发出现》，称"原本认为是人类独有的心智理论（Theory of Mind，ToM），已经出现在 ChatGPT 背后的 AI 模型上"。心智理论，就是理解他人或自己心理状态的能力，包括同理心、情绪、意图等。在"ChatGPT 是否具有心智理论"的这项研究中，米哈尔·科辛斯基给包括 GPT-3.5 的 9 个 GPT 模型做了两个心智理论经典测试，并将它们的能力进行了对比。

这两个经典测试是判断人类是否具备心智理论的通用测试，有研究表明，患有自闭症的儿童通常难以通过这类测试。第一个测试名为 Smarties Task（又名 Unexpected contents，意外内容测试），主要是测试 AI 对意料之外的事情的判断力；第二个是 Sally-Anne 测试（又名 Unexpected Transfer，意外转移任务），测试 AI 预估他人想法的能力。

在第一个测试中，GPT-3.5 成功回答出了 20 个意外内容测试问答中的 17 个，准确率达到了 85%。而在第二个测试中，即针对意外转移任务，GPT-3.5 回答的准确率达到了 100%，很好地完成了 20 个题目。

这项研究的结论为：davinci-002 版本的 GPT-3（ChatGPT 由它优化而来），已经可以解决 70% 的心智理论任务，心智相当于 7 岁儿童；至于 GPT-3.5（davinci-003），也就是 ChatGPT 的同源模型，解决了 93% 的任务，心智相当于 9 岁儿童。然而，2022 年之前的 GPT 系列模型还没有解决这类任务的能力。也就是说，它们的心智确实是"进化"而来的。

当然，这项研究的结论引起了争议，一些人员认为 ChatGPT 尽管通过了人类的心智理论测试，但其所具有的"心智"并非真正意义上的人类的情感心智。但无论人类是否承认 ChatGPT 所表现出来的"心智"能力，至少可以让我们看到，人工智能离拥有真正的心智已经为期不远了。

5.2.3　ChatGPT 赋能文化创作

ChatGPT 是当前最具代表性的 AIGC 产品，其正在嵌合各个内容生产行业。

在传媒方面，ChatGPT 可以帮助新闻媒体工作者智能生成报道，将部分重复性的采编工作自动化，更快、更准、更智能地生成内容，提升新闻的时效性。事实上，这一 AI 应用早已有之，2014 年 3 月，美国《洛杉矶时报》网站的机器人记者 Quakebot，在洛杉矶地震后仅 3 分钟，就写出相关信息并进行发布。美联社使用的智能写稿平台 Wordsmith，每秒可以写出 2000 篇报道。中国地震网的写稿机器人在九寨沟地震发生后 7 秒内就完成了相关信息的编发。《第一财经周刊》的"DT 稿王"一分钟可写出 1680 字。而 ChatGPT 的出现进一步推动了 AI 与传媒的融合。

在影视方面，ChatGPT 可以根据大众的兴趣量身定制影视内容，从而获得更好的收视率、票房和口碑。一方面，ChatGPT 可以为剧本创作提供思路，创作者可根据 ChatGPT 生成的内容再进行筛选和二次加工，激发灵感、缩短创作周期。另一方面，ChatGPT 有着降本增效的优势，可以有效帮助影视制作团队降低在内容创作上的成本，提高内容创作的效率，在更短的时间内制作出具有更高质量的影视内容。

2016 年，纽约大学利用人工智能编写剧本 *Sunspring*，经拍摄制作后入围伦敦科幻电影节的"48 小时电影挑战"前十强。国内海马轻帆科技公司推出的"小说转剧本"智能写作功能，服务了《你好，李焕英》《流浪地球》等爆款作品的剧集剧本 30000 多集、电影／网络电影剧本 8000 多部、网络小说 500 万余部。2020 年，美国查普曼大学的学生利用 GPT-3 模型创作剧本并制作短片《律师》。

如今，人工智能对人的智能性替代仍处于不断学习的发展阶段，并呈现出领域内的专业化研究趋势。当人工智能取代人类专业能力后，在实现其跨领域的通用能力时，它毋庸置疑地会成为"类人"的高智商机器人，并彻底解放人们对 AIGC 的想象，届时，AIGC 时代也将真正降临。

5.3　ChatGPT 进军医疗

AI 在医疗卫生领域的广泛应用已形成全球共识，AI 辅助诊断、AI 影像辅助决策等人工智能手段走进临床。可以说，AI 以独特的方式提升人类健康福祉。ChatGPT 的出现进一步加速了 AI 在医疗领域的落地，并展现出令人兴奋的应用前景。

5.3.1　ChatGPT 比医生更专业吗

美国执业医师资格考试（简称美国医考）以难度大著称，而美国研究人员测试后却发现，聊天机器人 ChatGPT 无须经过专门训练或加强学习就能通过或接近通过这一考试。

进行这项研究的人员主要来自美国医疗保健初创企业——安西布尔健康公司。他们从美国执业医师资格考试官网于 2022 年 6 月发布的 376 个考题中筛除基于图像的问题，让 ChatGPT 回答剩余的 350 道题。这些题类型多样，既有依据已有信息给患者下诊断这样的开放式问题，也有判断病因之类的选择题。两名评审人员负责阅卷打分。

结果显示，除去模糊不清的回答，ChatGPT 的得分率为 52.4% 至 75%，而得分率约 60% 即可视为通过考试。其中，ChatGPT 所做的 88.9% 的主观回答包括"至少一个重要的见解"，即见解较新颖、临床上有效果且并非人人能看出来。这项研究形成的论文于 2023 年 2 月 9 日发表在美国《科学公共图书馆·数字健康》杂志中，研究人员认为，"在这个出了名难考的专业考试中达到及格分数，且在没有任何人为强化（训练）的前提下做到这一点"，这是人工智能在临床医学应用方面"值得注意的一件大事",这显示了"大语言模型可能有辅助医学教育,甚至临床决策的潜力"。

除通过美国医考外,ChatGPT 的问诊水平也得到了业界的肯定。《美国医学会杂志》发表研究性简报,针对以 ChatGPT 为代表的在线对话人工智能模型在心血管疾病预防建议方面的使用合理性进行探讨,表示 ChatGPT 具有辅助临床工作的潜力,有助于加强患者教育,减少医生与患者沟通的壁垒和成本。

该简报透露,根据心血管疾病三级预防保健建议和临床医生治疗经验,研究人员设立了 25 个具体问题,涉及疾病预防概念、风险因素咨询、检查结果和用药咨询等。每个问题均向 ChatGPT 提问 3 次,3 次回答都由 1 名评审员进行评定,只要有 1 次回答存在明显医学错误,就可直接判断为"不合理"。

结果显示,ChatGPT 回答的合理概率为 84%(21/25)。仅从这 25 个问题的回答来看,在线对话人工智能模型回答心血管疾病预防问题的结果较好,具有辅助临床工作的潜力。

其实,在全球范围内,医务工作的很大一部分时间都用在了各种各样的文书及行政工作上,这挤压了医生能够与患者进行更重要的病情诊断和沟通的时间。在 2018 年美国的一项调研中,70%的医生表示,他们每周在文书及行政工作上花费 10 小时以上,其中近三分之一的人花费了 20 小时或更长时间。

英国圣玛丽医院的两名医生于 2023 年 2 月 6 日发表在《柳叶刀》上的评述文章指出,医疗保健是一个具有很大的标准化空间的行业,特别是在文档方面。我们应该对这些技术进步做出反应。其中，"出院小结"就被认为是 ChatGPT 一个典型的应用，因为其格式大多是标准化的。ChatGPT 在医生输入特定信息的简要说明、需详细说明的概念和医嘱后，在几秒钟内即可输出正式的出院摘要。这一过程的自动化可以减轻低年资医生的工作负担，让他们有更多的时间为患者提供服务。

当然，对于医疗行业来说，目前的 ChatGPT 还不够完美——存在提供的信息不准确、虚构和偏见等问题，在专业门槛很高的行业中应用它时应该更加审慎。但无论如何，ChatGPT 已经打开了一个全新的 AI 医疗应用阶段，互联网医疗的时代将会被加速开启，

我们可以借助 ChatGPT 实现在线问诊。基于强大的诊疗数据库，以及庞杂的医学知识的训练，ChatGPT 可以做出专业、客观的诊断建议，并且可以实现实时的多用户同步诊断。比如，在 2022 年召开的第 17 届欧洲克罗恩病及结肠炎组织年会（ECCO 2022）上，关于内镜和组织病理学的讨论议题中，会议提出了在"医学+AI"的趋势下，AI 判读内镜和组织学的科研成为重要的发展方向。在这次会议上，法国的医学专家 Laurent Peyrin-Biroulet 介绍了一项使用人工智能判读溃疡性结肠炎组织学疾病活动的研究。这项研究使用了法国某医院数据库的 200 张溃疡性结肠炎患者的组织学图像，将其录入能够自行判读组织学进展并计算组织学指数的 AI 系统，经读片进行诊断，然后将系统的判读结果与人类医生，即 3 名组织病理专家的判读结果相对照（使用组内相关系数，即 ICC），以了解与验证 AI 判读用于溃疡性结肠炎诊疗的可行性。

对照结果显示，3 名组织病理学家之间的平均 ICC 为 89.33，而人工判读与 AI 判读的平均 ICC 为 87.20。从对比结果来看，AI 判读结果与人工判读结果相当接近。而这只是基于一个小样本量所训练出来的 AI 读片系统，只要给予更多的样本量进行训练，AI 系统判读的准确率及效率将远超人类专家的判读水平。

再如，中国著名胸外科专家、中山大学肿瘤防治中心胸科主任张兰军教授，于 2018 年联合腾讯，应用先进的图像识别系统及神经卷积函数算法，把肺结节的诊断经验、良性结节和恶性结节的特征输入机器人系统，通过数据的不断增多，训练机器准确识别肺结节。这个 AI 诊断项目被称为"觅影"。

随后，张教授组织医院的正高级专家与"觅影"进行比赛，看看人工智能和人类医生谁更厉害，结果发现：机器人的诊断能力并不逊于人类医生。机器根据规则或者病理的判断标准进行诊断，不受人为因素影响，所出现的失误率会远低于人类医生。

此外，ChatGPT 对医疗行业的颠覆，将非常有效地解决当前医疗水平之间的差异，以及最大限度地解决"就医难"的问题。根据世界卫生组织的数据，预计到 2030 年，全球将短缺 1000 万名医护人员，主要是在低收入国家。《福布斯》杂志的一篇文章指出，在全球医疗服务匮乏的地区，人工智能可以扩大人们获得优质医疗保健的机会。未来，大部分的常规疾病的诊断都可以由人工智能医生替代。未来，我们愿意接受人工智能医生的诊断，还是更愿意接受人类医生的诊断，时间会给出答案。

5.3.2　数字疗法指日可待

如果我们生病需要治疗，传统的方式是以药物和医疗器械作为主要治疗方案。试想有一天，我们去医院看病，医生开具的处方却不是药物，而是一款软件，并且嘱咐我们"回去记得每天玩 15 分钟"，这看起来有些难以理解的一幕，在不久的将来或许会成为诊室里真实发生的事情。带来这一改变的是一项基于数字技术而诞生的新的治疗手段——数字疗法，而人工智能将成为推动数字疗法进入临床应用和普及的关键。

2012 年，数字疗法的概念就已经在美国流行，根据美国数字疗法联盟的官方定义，数字疗法是一种基于软件、以循证医学为基础的干预方案，用以治疗、管理或预防疾病。通过数字疗法，患者得以循证治疗和预防，管理身体、心理和疾病状况。数字疗法可以独立使用，也可以与药物、设备或其他疗法配合使用。

简单来理解，在传统治疗中，病人根据医生开具的处方去药房取药，数字疗法则是将药物更换为某款手机软件，当然，也可能是软硬件结合的产品。数字疗法的处方可能是一款游戏，也可能是行为指导方案等，其作用机制是通过行为干预，带来细胞甚至分子生物学层面的变化，进而影响疾病状况。

比如，如果我们因慢性失眠的问题去问诊，传统的治疗手段有两种，一种是由医生开具安定等处方药物；另一种是与医生面对面进行认知行为治疗（CBT-I），但这种临床一线非药物干预的方法受医生数量有限、时间和空间的限制，应用效果不佳。

这个时候，如果医生开出一个数字疗法处方，如通过美国食药监局认证的 Somryst®，相当于把线下认知行为治疗搬到了线上，摆脱了医生面诊和时空上的限制，以图片、文字、动画、音频、视频等易于患者理解和接受的方式进行个性化组合治疗。Somryst®包含一份睡眠日志和六个指导模块，患者按照顺序依次完成六个指导模块的治疗，每天记录睡眠情况并在不同阶段完成每天约 40 分钟的不同课程。最终，患者通过 9 周的疗程养成了良好的睡眠习惯。

实际上，数字疗法最大的意义并不在于对技术的突破，而是革新了药物的形式，这种形式也更新了人们对疾病的治疗手段，带来了更多更有效的治疗疾病的方法。精神疾病是数字疗法目前应用最为广泛的领域，针对抑郁症、小儿多动症、老年认知障碍、精神分裂症等，应用数字疗法都有很好的效果。而在应用过程中，AI 则扮演着关键角色。

具体来看，在医学领域中，没有任何可靠的生物标记可以用来诊断精神疾病。这使许多精神病学的发展迟缓。但这样的困境并不绝对，事实上，精神科医生诊断所依据的患者语言给心理障碍诊断的突破提供了重要的线索。

1908 年，瑞士精神病学家欧根·布卢勒宣布了他和同事们正在研究的一种疾病的名称：精神分裂症。他注意到这种疾病的症状是如何"在语言中表现出来的"，但是他补充说，"这种异常不在于语言本身，而在于它表达的东西。"布卢勒是最早关注精神分裂症"阴性"症状的学者之一，也就是健康的人身上不会出现的症状。这些症状不如所谓的"阳性"症状那么明显，如幻觉。最常见的负面症状是口吃或语言障碍。患者会尽量少说，经常使用模糊的、重复的、刻板的短语。这就是精神病学家所说的"低语义密度"。

低语义密度是患者可能患有心理障碍的一个警示信号。有些研究项目表明，患有心理障碍的高风险人群一般很少使用"我的""他的""我们的"等所有格代词。基于此，研究人员把对于心理障碍的诊断突破转向了机器对语义的识别。

而今天，互联网已经深度融入社会和人们的生活，无处不在的智能手机和社交媒体让人们的语言从未像现在这样容易被记录、数字化及分析。ChatGPT 如果能够对人们的睡眠模式、打电话频率等数据进行深入分析，就能够更密切和持续地测量患者日常生活中的各种生物特征信息，如情绪、活动和心率，并将这些信息与临床症状联系起来，从而改善临床实践。

一个具体的例子来自研究人员对 ChatGPT 诊断阿尔茨海默病（Alzheimer's Disease，AD）的研究。作为痴呆症中最常见的一种，AD 是一种退行性中枢神经系统疾病，多年来科学家们一直在研发抗 AD 的特效药，但进展有限。目前诊断 AD 的做法通常包括病史回顾和冗长的身体和神经系统评估和测试。由于 60%～80% 的痴呆症患者都有语言障碍，研究人员一直在关注那些能够捕捉细微语言线索的应用，包括识别犹豫、语法和发音错误及忘记词语等，将其作为筛查早期 AD 的一种快捷、低成本的手段。

2022 年 12 月 22 日，美国德雷塞尔大学的两名学者在美国《科学公共图书馆·数字健康》上发表了一篇论文，将 ChatGPT 用于诊断阿尔茨海默病。研究发现，OpenAI 的 GPT-3 程序可以从自发语音中识别线索，预测痴呆症早期阶段的准确率达到 80%。人工智能可以用作有效的决策支持系统，为医生提供有价值的数据用于诊断和治疗。人眼可能会错过 CT 扫描中的异常，但经过训练的 AI 却能跟踪微小的细节。毕竟每位医生的记忆能力有限，无论如何也比不过计算机的强大存储能力。

5.3.3　ChatGPT 能研发新药吗

除在就医问诊、数字疗法等方面发挥作用外，ChatGPT 还有望推动疾病与药物研究的革新。

制药业是危险与迷人并存的行业，新药研发过程耗费昂贵且耗时漫长。通常，一款药物的研发可以分为药物发现和临床研究两个阶段。

在药物发现阶段，需要科学家先建立疾病假说，发现靶点，设计化合物，再展开临床前研究。而传统药企在新药研发过程中必须进行大量的模拟测试，研发周期长、成本高、成功率低。根据《自然》的分析数据，一款新药的研发成本约 26 亿美元，耗时约 10 年，而成功率则不到十分之一。其中，仅发现靶点、设计化合物环节就障碍重重，包括苗头化合物筛选、先导化合物优化、候选化合物的确定及合成等，每一步都面临较高的淘汰率。

对于发现靶点来说，需要通过不断的实验筛选，从几百个分子中寻找有治疗效果的化学分子。此外，人类思维有一定的趋同性，针对同一个靶点的新药，有时难免结构相近，甚至引发专利诉讼。最终，一种药物可能需要对成千上万种化合物进行筛选，即便这样，也仅有几种能顺利进入最后的研发环节。要知道，多数潜在药物的靶点都是蛋白质，而蛋白质的结构即 2D 氨基酸序列折叠成 3D 蛋白质的方式决定了它的功能。一个只有 100 个氨基酸的蛋白质，已经非常小了，但就是这么小的蛋白质，可能产生的形状种类依然是一个天文数字。这也正是蛋白质折叠一直被认为是一个即使大型超级计算机也无法解决的难题的原因。然而，人工智能却可以通过挖掘大量的数据集来确定蛋白质碱基对与它们的化学键的角之间的可能距离——这是蛋白质折叠的基础。

生命科学领域著名的风投机构 Flagship Pioneering 因孵化出 Moderna 公司而闻名，其创始人、MIT 生物工程专业博士努巴尔·阿费扬在对 2023 年的展望中写道，人工智能将在 21 世纪改变生物学，就像生物信息学在 20 世纪改变生物学一样。

努巴尔·阿费扬指出，机器学习模型、计算能力和数据可用性的进步，让以前悬而未决的巨大挑战正在被解决，并为开发新的蛋白质和其他生物分子创造了机会。2023 年，他的团队发表的成果表明，这些新工具能够预测、设计并生成全新的蛋白质，其结构和折叠模式经过逆向工程编码实现所需的药用功能。

当新药研发经历了药物发现阶段，成功进入临床研究阶段时，则进入了整个药物批准程序中最耗时且成本最高的阶段。临床试验分多阶段进行，包括临床 I 期（安全性）、临床 II 期（有效性）和临床 III 期（大规模的安全性和有效性）的测试。传统的临床试验中，招募患者的成本很高，信息不对称是需要解决的首要问题。CB Insights 的一项调查显示，临床试验延后的最大原因来自人员招募环节，约 80% 的试验无法按时找到理想的试药志愿者。但这一问题可以被人工智能技术解决。比如，人工智能可以利用技术手段从患者的医疗记录中提取有效信息，并与正在进行的临床研究进行匹配，从而在很大程度上简化了招募过程。

对于实验的过程中往往存在患者服药依从性无法监测等问题，人工智能技术可以实现对患者的持续性监测，如利用传感器跟踪药物摄入情况、用图像和面部识别跟踪病人服药依从性。苹果公司就推出了开源框架 ResearchKit 和 CareKit，不仅可以帮助临床试验招募患者，还可以帮助研究人员利用应用程序远程监控患者的健康状况、日常生活等。

总体来说，虽然 ChatGPT 不完美，但假以时日，ChatGPT 可能就可以辅助医生们进行临床工作，加强患者教育，进一步推动数字疗法的发展，以及帮助研发新药。尤其对于靶向药物的开发，将会因人工智能技术的介入而大幅提速、大幅降低成本。虽然 ChatGPT 不一定会彻底替代医生，但未来的医疗一定会是人机协同的智能化医疗。

5.4 ChatGPT 引发律师"饭碗焦虑"

进入 2023 年，ChatGPT 正与现实场景的应用紧密结合，对各行各业产生影响。其中，即便是法律这种人类社会的塔尖职业，也开始经历 ChatGPT 的冲击，当前，ChatGPT 对律师执业及法官执法的影响正在徐徐展开。可以说，一场法律界的技术革新正在到来。

5.4.1 AI 走进法律行业

一直以来，律师被认为属于社会"精英"，具有较强的专业性，处理的案件和问题较为复杂。律师所参与的诉讼过程直接影响法庭的判罚结果，这使得律师在法律案件中的作用尤为重要，同时，律师往往面临着繁杂的工作与沉重的压力。

律师通常分为诉讼律师和非诉律师。简单来说，诉讼律师接受当事人的委托帮其打官司，除法庭辩护外，诉讼律师的前期工作内容还包括阅读卷宗、撰状、搜集证据、研究法律资料等。一些大案件的卷宗可能就达几十上百个。非诉律师则基本不出庭，负责核查资料，进行文书修改，工作成果就是各种文案和法律意见书、协议书。可以说，无论是诉讼律师，还是非诉律师，其很大一部分时间都用于做"案头工作"，与海量的文件、资料、合同打交道。而法律的严谨性，要求其不得有半点疏忽。这种大同小异的工作模式、重复的机械式工作，就是 AI 的优势领域。

AI 与法律的结合，最早可以追溯于 20 世纪 80 年代中期起步的专家系统。专家系统在法律方面的第一次实际应用，是 D. 沃特曼和

M.皮特森于 1981 年开发的法律判决辅助系统。当时，研究人员将其当作法律适用的实践工具，对美国民法制度的某个方面进行检测，运用严格责任、相对疏忽和损害赔偿等模型，计算出责任案件的赔偿价值，成功将 AI 带入法律行业。

自此，专家系统在法规和判例的辅助检索方面开始发挥重要作用，解放了律师的一部分脑力劳动。显然，浩如烟海的案卷如果没有计算机进行整理、分类、查询，将耗费律师们大量的精力和时间。并且，由于人脑的认识和记忆能力有限，还存在检索不全面、记忆不准确的问题。专家系统却拥有强大的记忆和检索功能，可以弥补人类智能的某些局限性，帮助律师和法官进行相对简单的法律检索工作，从而极大地解放律师和法官的脑力劳动，使其能够集中精力从事更加复杂的法律推理活动。

在法律咨询方面，早在 2016 年，美国企业研发的机器人律师 Ross 已经实现了对客户提出的法律问题立即给出相应的回答，为客户提供个性化的服务。Ross 解决问题的思路与执业律师通常回答法律问题的思路相一致，即先对问题本身进行理解，拆解成法律问题；再进行法律检索，在法律条文和相关案例中找出与问题相关的材料；最后总结知识和经验回答问题，提出解决方案。人类律师往往需要花费大量的精力和时间寻找相应的条文和案例，与人类律师相区别的是，人工智能咨询系统只要在较短时间内就可以完成相应的工作量。

在合同起草和审核服务方面，AI 能够通过对海量真实合同的学习而掌握并生成高度精细复杂并适合具体情境的合同的能力，其根据不同的情境将合同的条款进行组装，可以为当事人提供基本合同和法律文书的起草服务。以买卖合同为例，只要回答 AI 程序的一系列问题，如标的物、价款、交付地点、方式及风险转移等，一份完整的买卖合同初稿就会被 AI "组装"完成，它起草的合同甚至可能胜于许多有经验的法律顾问的成果。

5.4.2　ChatGPT 通过美国司法考试

ChatGPT 已经通过了美国司法考试，AI 律师指日可待。

具体来看，美国大多数州统一的司法考试（UBE）有三个组成部分：选择题（多州律师考试，MBE）、作文（MEE）、情景表现（MPT）。选择题部分，由来自 8 个类别的 200 道题组成，通常占整个司法考试分数的 50%。基于此，研究人员对 OpenAI 的 text-davinci-003 模型（GPT-3.5）作答选择题部分的表现进行了评估。

为了测试实际效果，研究人员购买了官方组织提供的标准考试准备材料，包括练习题和模拟考试。每个问题的正文都是自动提取的，选项与答案分开存储。随后，研究人员分别对 GPT-3.5 进行了提示工程、超参数优化及微调的尝试。结果发现，超参数优化和提示工程对 GPT-3.5 的成绩表现有积极影响，而微调则没有效果。

最终，GPT-3.5 在完整的美国司法考试中达到了 50.3% 的平均正确率，大大超过了 25% 的基线猜测率，并且在证据和侵权行为两个类型中都达到了平均通过率。尤其是证据类别，以 63% 的考试正确率与人类水平持平。在证据、侵权行为和民事诉讼的类别中，GPT-3.5 落后于人类应试者的差距可以忽略不计或只有细微差别。总体来说，这一结果大大超出了研究人员的预期，也证实了 ChatGPT 对法律领域为一般理解，而非随机猜测。

不仅如此，在佛罗里达农工大学法学院的入学考试中，ChatGPT 取得了 149 分，排名在前 40%，解答阅读理解类题目的表现最好。

可以说，ChatGPT 虽然并不能完全取代人类律师，但以 ChatGPT 为代表的 AI 正在快速进军法律行业。科技成果被广泛应用到法律服务中已经成为不争的事实，AI 技术将深刻影响法律服务业和法律服务市场的未来走向。

一方面，从"有益"的角度考量：ChatGPT 用得好，律师下班早。在可预期的时间内，伴随着 ChatGPT 被持续性地"喂养"大量的法律行业的专业数据，针对简要的法律服务工作，ChatGPT 将完全可以应对自如。如果律师需要检索案例或法条，只需将关键词输入 ChatGPT，就可以立刻获得想要的法条和案例；对于基础合同的审查，可以让 ChatGPT 提出初步意见，然后律师做进一步的细化和修改；如果需要对案件中的金额进行计算，如交通事故、人身损害的赔偿，ChatGPT 也可以迅速给出数据；对于校对和翻译文本、文件分类、制作可视化图表、撰写简要的格式化法律文书，ChatGPT 也可以轻松胜任。

也就是说，在法律领域，ChatGPT 完全可以演化成"智能律师助手"，帮助律师分析大量的法律文件和案例，提供智能化的法律建议和指导；可以变成"法律问答机器人"，回答法律问题并提供相关的信息和建议。ChatGPT 还可以进行合同审核、辅助诉讼、分析法律数据等，从而提高法律工作者的效率和准确性。

另一方面，我们需要面对的是，当普通法律服务能够被人工智能所替代时，从事类似工作的律师就会慢慢地退出市场，这必然会对一部分律师的存在价值和功能定位造成冲击。显然，与人类律师相比，AI 律师的工作更为高速和有效，而它所要付出的劳动成本却较少，因此，相关的收费标准或将降低。

未来，随着 ChatGPT 的加入，法律服务市场的供求信息更加透明，在线法律服务产品的运作过程、收费标准等更加开放，换言之，AI 在提供法律服务时所具有的便捷性、透明性、可操控性等特征，将会成为吸引客户的优势。在这样的情况下，律师的业务拓展机会、个人成长速度、专业护城河的构建都会受到非常大的影响。

要知道，传统的律师服务业是一个"以人为本"的行业，是以人为服务主体和服务对象的。当 AI 在律师服务中主导一些简单案件的解决时，律师服务市场将会形成服务主体多元化的现象，人类律师的工作和功能将被重新定义和评价，法律服务市场的商业模式也会发生改变。

而对于司法这样一个规则性与标准性非常清晰的领域，未来基于人工智能的司法体系将会更加有效地保障法治的公平、公正。

5.5　ChatGPT 重塑教育

在 ChatGPT 即将改变和颠覆的许多行业中，教育是备受关注的一个行业。人类总是借助于工具认识世界，工具的发明创新推动着人类历史的进步，同样，教育手段与方法的变革和创新也推动着教育的进步与发展。

5.5.1　能用 ChatGPT 写作业吗

事实上，人工智能改变教育，是一个必然趋势且正在发生着。在 ChatGPT 之前，已经有很多 AI 产品在教育中发挥作用。比如，在幼儿教育、高等教育、职业教育等各类教育场景中，AI 已经应用于拍照搜题、分层排课、口语测评、组卷阅卷、作文批改、作业布置等。

ChatGPT 的爆发则进一步冲击了当前的教育领域。其中，一个最直接的表现是，学生们开始用 ChatGPT 完成作业。

斯坦福大学校园媒体《斯坦福日报》的一项匿名调查显示，大约 17% 的受访学生（4497 名）表示，使用过 ChatGPT 来协助他们完成作业和考试。斯坦福大学发言人迪·缪斯特菲表示，该校司法事务委员会持续监控新兴的人工智能工具，并讨论它们如何与该校的荣誉准则相关联。

在线课程供应商 Study.com 面向全球 1000 名 18 岁以上学生的一项调查显示，每 10 名学生中就有不少于 9 名知道 ChatGPT，超过 89% 的学生使用 ChatGPT 来完成家庭作业，48% 的学生用 ChatGPT 完成小测验，53% 的学生用 ChatGPT 写论文，22% 的学生用 ChatGPT 生成论文大纲。

ChatGPT 的突然到来，让全球教育界警惕起来。为此，美国一些地区的学校不得不禁止使用 ChatGPT，还有人开发了专门的软件来查验学生递交的文本作业是不是由 AI 完成的。纽约市教育部门发言人认为，ChatGPT "不会培养批判性思维和解决问题的能力"。

哲学家、语言学家艾弗拉姆·诺姆·乔姆斯基更是表示，ChatGPT 在本质上是 "高科技剽窃" 和 "避免学习的一种方式"。乔姆斯基认为，学生本能地使用高科技来逃避学习是 "教育系统失败的标志"。

当然，在有人高举反对大旗的同时，也有不同的声音以及对此的反思。有高校老师对 ChatGPT 的态度是 "打不过就加入"，让 ChatGPT 变成在教学中一个重要的工具。因为更应关注的是学生提问题的能力，也就是上完课之后，学生会对 ChatGPT 提什么样的问题，想去了解什么样的知识，这才是重点。

事实上，任何一项新技术，尤其是革命性的技术出现，都伴随着争论。如汽车的出现，曾经就引发了马车夫的强烈抵制。而客观来看，人工智能时代是一种必然的趋势，只是 ChatGPT 让我们设想中的人工智能时代更具象化了。ChatGPT 不仅能帮助我们处理工作，还能处理得比我们更好。这必然会引发一些人的反对。但无论我们是反对还是选择拥抱，最终都不会改变人工智能时代的到来。

对于教育领域而言，关键不在于 ChatGPT 是否为学生写作业，或者为学生代写论文。对于应试教育而言，如果只是将孩子培养成知识库与解题机，那么我们与人工智能这种基于大数据的资料库竞争就完全是没有出路的。

很显然，拥抱 ChatGPT，并且在教学中让其成为学生获取知识的辅助工具，能在最大限度上解放教师的填鸭式与照本宣科式的教学工作量，而让教师有更多的时间思考如何进行启发式与创新思维的培养。在人工智能时代，如果我们继续以标准化试题、标准化答案的方式进行教育训练，我们就会成为第一次工业革命时代的那群马车夫。

5.5.2　ChatGPT 会代替教师吗

ChatGPT 对于教育领域的冲击，让"教师是否会被 ChatGPT 取代"这个话题成为社会热议的问题，甚至登上了微博的热搜。

其实这个问题要从两个层面看，关键取决于我们对教师的定义。尤其是在人工智能时代，当知识的获取不再是一件困难与稀缺的事情，那么传统知识灌输型的教学方式，即教授知识性的照本宣科式的内容，这类教学工作被人工智能取代是正常且必然的。就单一知识灌输型层面而言，在相关的知识与教授方法方面，人工智能通过最优的数据训练，可以比大部分的教师做得更好。

更重要的是，人工智能不仅教得好，学得也好。从统计数据的结果上看，中国学生是全世界公认的最会考试的学生。这也是学生、教师、家长三方用绝对时间的投入所换来的。中国学生掌握的知识量大、面广，基础知识扎实，这在过去算得上是优势，但面对 ChatGPT 的到来，这一优势就不那么突出了。

2017 年，国务院参事、清华大学经济管理学院院长钱颖一指出：中国教育的最大问题，是我们对教育从认知到实践都存在一种系统性的偏差，即我们把教育等同于知识，并局限在知识上。知识几乎成了教育的全部内容。那么一个很可能发生的情况是，未来的人工智能会让我们的教育制度所培养的学生的优势荡然无存。而现在，就是这个优势逐渐消失的时点。所谓知识全面性的优势将被 ChatGPT 轻松替代。

但如果我们将教师的工作重新进行定义，侧重于教授启发式，以培养与挖掘人类特有的想象力、创造力、灵感等方面为主要的教学工作，那么人工智能难以取代教师。在人工智能时代，我们与机器的竞争一定不在知识层面，而是在人类独有的想象力、创造力与创新力层面。

换言之，我们当下的教育真正要做的是围绕着人类独有的特性。只有发挥人类独有的特性，才能让人工智能成为人类实现梦想的助手，而不是让人类成为人工智能训练下的助手。

因此，对于 ChatGPT 是否取代教师的讨论没有实质性意义，关键还在于人类自身的选择。

5.5.3 向学术界发起冲击

除影响传统的教育领域外，ChatGPT 之风还波及了研究和学术领域。

一周时间内，《自然》杂志刊登了两篇文章讨论 ChatGPT 及 AIGC 对学术领域的影响。文中称，由于任何作者都承担着对所发表作品的责任，而人工智能工具无法做到这一点，因此任何人工智能工具都不会被接受为研究论文的署名作者。文章同时指出，如果研究人员使用了有关程序，应该在方法或致谢部分加以说明。

《科学》杂志则直接禁止投稿使用 ChatGPT 生成文本。2023 年 1

月 26 日，《科学》通过社论宣布，正在更新编辑规则，强调不能在作品中使用由 ChatGPT（或任何其他人工智能工具）所生成的文本、数字、图像或图形。社论特别强调，人工智能程序不能成为作者。如有违反，将构成学术不端行为。

但趋势已摆在眼前，一个不可否认的事实是，AI 确实能提升学术效率。

一方面，ChatGPT 可以提高学术研究基础资料的检索和整合效率，如一些审查工作，而研究人员就能更加专注于实验本身。事实上，ChatGPT 已经成为许多学者的数字助手，计算生物学家 Casey Greene 等人，就用 ChatGPT 来修改论文。5 分钟，ChatGPT 就能审查完一份手稿，甚至连参考文献部分的问题也能被发现。神经生物学家 Almira Osmanovic Thunström 觉得，大语言模型可以被用来帮助学者们写经费申请，从而节省出更多的时间。另一方面，ChatGPT 在现阶段仅能做有限的信息整合和写作，但无法代替深度、原创性的研究。因此，ChatGPT 可以反向激励学术研究者开展更有深度的研究。

面对 ChatGPT 在学术领域发起的冲击，我们不得不承认的一个事实是，在人类世界当中，有很多工作是无效的。比如，当我们无法辨别文章是机器写的还是人写的时候，说明这些文章已经没有存在的价值了。而现在，ChatGPT 正是推动学术界进行改变创新的推动力，ChatGPT 能够发现和甄别那些形式主义的文本，包括各种报告、大多数的论文，人类也能够借 ChatGPT 创造出真正有价值和贡献的研究。

ChatGPT 或将引发学术界的变革，促使研究人员投入更多的时间真正进行有思想性、建设性的学术研究，而不是格式论文的搬抄或复制。

5.6 ChatGPT 掀起新零售狂飙

自 2016 年新零售概念诞生以来，几年时间里，各种项目如雨后春笋般涌现。实际上，新零售诞生背后，正是基于技术的推动。ChatGPT 在新零售行业也表现出了非凡的可想象空间。

5.6.1 新零售背后的技术支持

回顾过去，中国的零售业发展经历了漫长的过程，从传统零售业到互联网电商，多渠道、多形式、多源头，江水汇集奔流向前。

20 世纪 90 年代之前，中国零售业的形式是实体商店，并且基本上都是专卖商店。之后，专卖商店重组，形成了百货公司。进入 20 世纪 90 年代，在零售市场上，连锁超市占据了主流地位，同时不乏现代专业店、专业超市和便利店等业态存在。各连锁超市之间的竞争愈发激烈，市场不得不进入整合期。

2000 年前后，大型综合超市、折扣店出现，以家乐福为代表的国外零售企业进入中国市场，中国零售业市场拉开了新的战局。2000 年之后，中国的大型超市数量猛增，购物中心出现并发展，逐步形成集娱乐、餐饮、服务、购物、休闲于一体的综合性购物中心，使中国的零售业呈现繁花似锦的局面。

然而，互联网及电子商务的发展对中国传统的零售业造成了严重的冲击，很多实体店纷纷关门、部分百货商店倒闭。2013 年前后，受移动互联网影响，消费者的消费习惯和消费观念发生了变化。在这个时期，线上零售业火爆，线下店萧条。并且，电商的重心开始从 PC

端朝移动端转移。

2015 年，电子商务进入了稳定发展阶段。此时，受"互联网+"和"O2O 模式"的影响，很多线下零售企业开始探寻与电商的融合发展之路。2016 年以来，中国的零售业局面出现了很大的波动，纯电子商务的流量红利逐渐消失。

到底什么是新零售？马云对其做出的解释是：只有将线上、线下和物流结合在一起才能产生真正的新零售。即本质上通过数字化和科技手段，提升传统零售的效率。

新零售升级改造的方法论被越来越多的行业巨头所采纳，并形成行业大趋势。盒马鲜生是阿里巴巴对线下超市完全重构的新零售业态。以盒马鲜生为代表的新零售范本，基本具备了阿里巴巴新零售的所有特征，成为阿里巴巴新零售的标杆业态。消费者可到店购买，也可以通过 App 下单。而盒马鲜生最大的特点之一就是快速配送：门店附近 3 千米范围内，30 分钟送货上门。

新零售产生和发展的背后，离不开技术的推动。过去十年，信息化浪潮颠覆了产业生态链，云计算、大数据、人工智能等新一代信息技术已经成为引领各领域创新的重要动力。在零售行业，技术进步推动零售领域基础设施的全方位变革，使零售行业朝着智能化和协同化发展，最终实现成本的下降和效率的提升。

在零售走向新零售的变革过程中，AI 技术是主要力量。比如，通过应用 AI 技术，商家可以更好地了解消费者需求，提高服务质量，进而提升客户黏性。此外，通过 AI 技术，可以增加产品和服务的可访问性，制定更具竞争力的价格策略，并改善终端消费者的体验。而这些与消费者的互动，以及有关消费者反馈的信息，借助于 ChatGPT才能实现真正意义上的落地。ChatGPT 的到来，还将进一步深化 AI在新零售领域的应用，以顾客为中心，以消费者需求为核心，以定制个性化需求为导向的新商业借助于 ChatGPT 技术的开启，将会迎来一场新的变革。

5.6.2　ChatGPT 为新零售带来什么

当前，人工智能已渗透到零售价值链各个环节。ChatGPT 的爆发，还将推动人工智能在零售行业的应用从个别走向聚合。

ChatGPT 能够在顾客端实现个性化推荐，让商家快速调整产品和推广策略成为可能。如果输入相关的大量产品知识并且经过一段时间的算法训练，ChatGPT 对产品的了解可能比一个从业十年的导购人员还要专业，因为 ChatGPT 的记忆力更强，善于选择最佳答案。而随着消费数据积累，商家又可以基于这些数据，通过 ChatGPT 对产品研发和推广策略进行调整。越是了解客户行为和趋势，越能精准地满足消费者的需求。简单来说，ChatGPT 可以帮助零售商改进需求预测，做出定价决策和优化产品摆放，让客户在正确的时间、正确的地点与正确的产品产生联系。

ChatGPT 还能够助力零售业提升供应链管控效率。传统零售商面临的一大挑战就是，保持准确的库存，而 ChatGPT 能够打通整个供应链和消费侧环节，为零售商提供包括店铺、购物者和产品的全面细节化数据，这有助于零售商对库存管理的决策更加合理。此外，ChatGPT可以快速识别缺货商品和定价错误，提示库存不足或物品错位，以便零售商及时获得库存信息。

　　此外，如果让 ChatGPT 服务于线上，在电子商务的销售咨询过程中，ChatGPT 可以做到"以一对百"，而且服务更专业。也就是说，ChatGPT 可以改变现有人工售后服务成本高、效率低的问题，机器人客服会大大提升售后环节效率。可以预见，未来的新零售场景会是一个高度语境化和个性化的购物场景。

5.7 应用场景落地金融业

ChatGPT 的热潮在席卷各行各业之时，也来到了金融圈。先是财通证券研究团队发布了一篇由 ChatGPT 撰写的超 6000 字的医美研究报告，后有招商银行在微信平台发布了一篇名为《亲情信用卡温暖上市，ChatGPT 首次诠释"人生逆旅，亲情无价"》的推文，意在尝试与 ChatGPT 搭档生产宣传稿件。那么，ChatGPT 的兴起，会对金融业产生怎样的冲击和影响呢？

5.7.1 AI 闯入金融圈

实际上，在 ChatGPT 之前，人工智能技术早已闯入金融圈。

中国信通院发布的《金融人工智能研究报告（2022 年）》提及，人工智能技术在金融产品设计、市场营销、风险控制、客户服务和其他支持性活动这五大业务链环节均有渗透，已经全面覆盖主流业务场景。典型的场景有智能营销、智能身份识别、智能客服等。解决行业痛点的同时，人工智能在获取增量业务、降低风险成本、改善运营成本、提升客户满意度方面均进入价值创造阶段。

具体来看，在前台应用场景里，人工智能正在朝着改变金融服务企业获取和维系客户的方式前进，如智能营销、智能客服、智能投顾等。其中，智能投顾就是运用人工智能算法，根据投资者风险偏好、财务状况和收益目标，结合现代投资组合理论等金融模型，为用户自动生成个性化的资产配置建议，并实现持续跟踪和动态再平衡调整。

相较于传统的投资顾问服务，智能投顾具有独特的优势：一是能够提供高效便捷的广泛投资咨询服务；二是具有低投资门槛、低费率和高透明度；三是可克服投资主观情绪化，实现投资客观、理性和分散化；四是提供个性化财富管理服务和丰富的定制化场景。

当然，对于投资领域而言，更准确、更快速、更真实的数据信息就是最大的价值，而这正是 ChatGPT 的优势所在。比如，对于股票的投资而言，ChatGPT 可以抓取相关的各种新闻，实时监测资金的流动，并且能够结合金融投资领域的各种技术分析，给出一个相对客观的分析建议——比人类投顾更客观、实时、全面。

人工智能在金融投资领域不仅适用于前台工作，它还促使中台和后台产生了令人兴奋的变化。其中，智能投资初具盈利能力，发展潜力巨大。一些公司运用人工智能技术不断优化算法、增强算力、实现更加精准的投资预测，提高收益、降低尾部风险。通过组合优化，在实盘中取得了显著的超额收益，未来智能投资的发展潜力巨大。智能信用评估则具有线上实时运行、系统自动判断、审核周期短的优势，为小微信贷提供了更高效的服务模式，也已在一些互联网银行中应用广泛。智能风控则落地于银行企业信贷、互联网金融助贷、消费金融场景的信用评审、风险定价和催收环节，为金融行业提供了一种基于线上业务的新型风控模式。

尽管人工智能在金融业的应用整体仍处于"浅应用"的初级发展阶段，以对流程性、重复性的任务实施智能化改造为主，但人工智能技术应用在金融业务外围向核心渗透的阶段，其发展潜力已经彰显，而人工智能技术的进步必将带来客户金融生活的完全自动化。

5.7.2　为智能金融添一把火

如果说当前人工智能金融应用还处于"浅应用"的初级发展阶段，那么，此次 ChatGPT 的出现，就是为人工智能在金融行业的应用添了一把火。

首先，金融领域的投资决策有很强的依据性，无论是数据、历史，还是行业的政策或发展趋势等，这些都是可以量化、可依据化的信息。在这些信息的获取、整合、分析方面，人工智能的能力优于人类。

其次，ChatGPT 能很好地模拟人类聊天行为，在理解能力和交互性方面表现得也更强，这将推动金融机构朝着人性化服务更进一步。

一方面，ChatGPT 可以自动生成自然语言的回复，满足客户的个性化咨询需求。通过语义分析识别客户情绪，以更好地了解客户需求和提供更好的服务，从而大大提升智能客服的准确率和满意度，增强品牌形象。另一方面，ChatGPT 可协助金融机构形成企业级的智能客户服务能力。通常来说，B 端用户专业门槛高、业务场景复杂，在这种情况下，ChatGPT 有望利用深度学习技术提升 B 端用户的服务效率和专业度。

此外，ChatGPT 在金融行业的应用可以大大提高工作效率，并带来业务变革。ChatGPT 可以帮助金融机构从海量数据中快速提取有价值的关键信息，如行业趋势、财务数据、舆情走向等，并将其转化为可读的自然语言文本，如行业研究报告、风险分析报告等，大大节省人力成本。

比如，财通证券就已经用 ChatGPT 尝试撰写了券商研报《提高外在美，增强内在自信——医疗美容革命》，全文超过 6000 字，内容包括医疗美容（以下简称医美）行业简介、全球医美市场概述、轻医美的崛起、医美在我国的崛起、全球医美行业主要参与者、ChatGPT 对于疫情后中国和全球医美市场的看法等。这些极耗人力的研究报告撰写，对于 ChatGPT 而言，几乎是轻而易举的事情。

总体来说，ChatGPT 在金融行业的应用前景广阔，或许很快，ChatGPT 就能让我们看到金融行业的变革。

5.8　人形机器人爆发前夜

作为自动执行工作的机器装置，近年来，随着人工智能交互技术的应用，人形机器人的智能化程度有了显著提升，并开始逐渐进入应用落地的阶段。现在，全世界瞩目的 ChatGPT 则为人形机器人加了一把火，或许，人形机器人将迎来一个新的发展拐点。

5.8.1　人类的机器人梦想

打造出具有人形与人类意识的机器人，一直是人类的梦想。这主要基于两方面原因，一方面，人形机器人可以更好地充当人类的劳动力，马斯克不止一次强调过，人类文明所面临的最大风险之一就是人力短缺，人类更应该将精力放在脑力劳动而不是体力劳动上。然而，要让机器人更好地充当人类劳动力，就需要让机器人适应人类的生活。因为我们的社会是根据人类来设计的，而一个类人机器人，只有在功能机构及智力层面都具备类人的能力，才能实现最高效率的劳动。

另一方面则是需求所致。在很多领域，机器人作为侍者，具有人类的外表才更容易被接受。如产后护理、幼儿陪伴、老人看护——人类与人形机器人更容易产生情感上的交流。我们对人形机器人或玩偶的好感度，会随其仿真度提高而增加，当仿真度达到一定比例时，当我们看到既不像人类也不像典型机器人的仿真机器人时，情感会突然逆转，本能觉得不正常并产生厌恶和恐惧等回避反应。只有当仿真度继续提高，我们的情感反应才会再度回转。

根据不同的应用场景，人形机器人大致可以分为工业机器人和服务机器人两种类型。工业机器人与服务机器人的区别主要在于应用领域不同——工业机器人主要应用在工业生产领域，而服务机器人的应用范围更加广泛，包括社会生活的方方面面。

在工业化时代，汽车、电子、家电等制造业的自动化需求拉动了工业机器人的蓬勃发展，随着第三产业的崛起，医疗、物流、餐饮等服务行业的自动化需求有望拉动相应的服务机器人品类的需求。尤其是在高风险的服务型行业，如医护、救援、消防等，机器代替人类的需求更强。

从辅助人类的角度来看，服务机器人通过运动控制、人机交互等技术，能有效提升人类现有的工作效率。这类机器人并不是全面替代人类，而是以与人类协作的形式共存。

比如，随着生活节奏的加快，人们希望从烦琐的家务劳动中解脱出来，而家务机器人的出现使人们的生活更加便利，也满足了人们追求高品质生活的需求。从单纯的工具性应用到情感交流、日常陪护，服务机器人逐渐融入人们的日常生活。

对于创造新领域来说，随着行业的发展，服务机器人开始在"人做不到的事"和"人不愿意做的事"上不断涉水，从而创造出新的需求。一些专业机器人在极端环境和精细操作等特殊领域中应用，如达芬奇手术机器人、反恐防暴机器人、军用无人机等。

其中，达芬奇手术机器人可以辅助医生进行手术，完成一些人手无法完成的极为精细的动作，手术切口也可以开得非常小，从而利于患者的术后恢复；反恐防暴机器人可用于替代人们在危险、恶劣、有害的环境中进行探查、排除或销毁爆炸物，此外还可应用于消防、抢救人质，以及与恐怖分子对抗等任务；军用无人机可应用于侦察预警、跟踪定位、特种作战、精确制导、信息对抗、战场搜救等各类战略和战术任务，在现代军事领域得到了极为广泛的应用。

5.8.2　ChatGPT+人形机器人

不论我们是否愿意接受，人与机器人共同生活与协作，都将是未来社会的一种常规模式。这也是为什么大型科技公司都在涌入这个行业。

比如，以家电产品"出圈"的戴森就进入了人形机器人领域。戴森已发布了一款能拿起漂白剂、夹起盘子的机械臂。而戴森的愿景是，在未来 10 年内推出可以做家务的人形机器人。凭借在扫地机器人、吹风机和吸尘器等产品在家庭服务领域积累的经验和技术，戴森计划以自己的优势技术打造一个家用保姆人形机器人。再如，特斯拉于2022 年首秀人形机器人。马斯克表示，特斯拉机器人最初的定位是替代人们从事重复枯燥、具有危险性的工作，但远景目标是让其服务于千家万户的日常工作。此外，还有以优必选科技和波士顿动力等为代表的纯机器人公司。

虽然近年来，产研界关于人形机器人的动作明显增多，但对于人形机器人来说，一直缺少一个重大突破来推动其发展进入下一个阶段。当前的人形机器人不仅价格高昂，而且实际的产品体验往往欠佳。

一方面，当前的人形机器人在硬件层面所牵涉的很重要的一个问题就是灵活性。由于机器人是由机械零部件组装而成的，而这些机械零部件与人体的骨骼及神经控制系统相比有很大不同，要想让人形机器人到达类人的灵活度，或者说至少要让人形机器人看起来像个人，在硬件层面还有很长的一段路要走。

另一方面，当前的人形机器人只能对标准化问题的程序进行回复，跟智能几乎没有什么关系，超出标准化的问题，人工智能就不再智能。也就是说，当前的 AI 在很大程度上还只能做一些数据的统计与分析，包括一些具有规则性的读听写工作，还不具备逻辑性、思考性，而在控制整个硬件躯体方面更是处于起步阶段。因为人体的神经控制系统是一个非常奇妙的系统，是在人类几万年来的训练下所形成的，显然，当前的人形机器人无论是在单纯的 AI 思考性方面，还是在与机器人硬件的协调控制方面，都还只是处于起步阶段。

未来，随着 AI 赋能越发强大，人形机器人或许将迎来应用加速落地的新拐点。ChatGPT 的爆发为人形机器人解锁了更多场景，如 ChatGPT 背后的大模型技术，与机器人结合后将进一步提升机器人的智能程度。从智能的本质来看，人类心智与人工智能只不过是这个世界的两套智能，而这两套智能的本质都是通过有限的输入信号来归纳、学习并重建外部世界特征的复杂"算法"。因此，从理论上看，只要我们持续地对人工智能进行教育，用庞大的数据训练人工智能，人工智能迟早可以运行名为"自我意识"的算法。人工智能能够通过心智测试并不意外，今天的 ChatGPT 虽然只达到 9 岁儿童的心智水平，但在更庞大的数据的训练下，人工智能将拥有真正与人类相似的思考和心智。

人形机器人的应用领域也将从教育及娱乐进一步拓展到健康养老、消杀、物流等赛道，机器人从自动化到自主化智能的转变将带来重大发展机遇。

ChatGPT 所引发的变革将远不止在以上的这些行业，可以说人类社会一切有规律、有规则的工作都将被取代。从教育、医疗、金融、法律、制造、管理、媒体、出版、科研到设计，人类社会现有的行业分工都将因人工智能的介入而迎来巨变。未来，留给人类的工作或许只有两类：一类是领导人工智能的工作，另一类将是被人工智能领导的工作。

在一个即将到来的人机协同大时代中，正如人类在亿万年的自然演变中不断调整自我角色一样，人工智能技术的发展将推动人类再一次进行角色调整，也必然引发全球产业的新一轮重组与分工。

第 6 章

人类准备
好了吗

6.1　ChatGPT 还需完善

虽然 ChatGPT 展现出了前所未有的聪明和魅力，但一个客观的事实是，ChatGPT 类似人类的输出和惊人的通用性只是优秀技术的结果，而不是真正的聪明。ChatGPT 存在明显的不足。

6.1.1　会犯错的 ChatGPT

ChatGPT 被诟病的一大缺点就是准确率的问题。不管是上一代 GPT-3 还是现在的 ChatGPT，都会犯一些可笑的错误，这也是这一类系统难以避免的弊端。

因为 ChatGPT 在本质上只是通过概率最大化不断生成数据而已，而不是通过逻辑推理来生成回复的：ChatGPT 的训练使用了前所未有的庞大数据集，并通过深度神经网络、自监督学习、强化学习和提示学习等人工智能模型进行训练。只有在大数据、大模型和大算力的工程性结合下，ChatGPT 才能够展现出统计关联能力，可洞悉海量数据中单词—单词、句子—句子的关联性，体现语言对话的能力。正是因为 ChatGPT 是以"共生则关联"为标准进行训练的，所以才会导致虚假关联和东拼西凑的合成结果。ChatGPT 产生许多可笑的错误就是因缺乏常识对数据进行机械式硬匹配。

也就是说，ChatGPT 虽然能够通过所挖掘的单词之间的关联统计关系合成语言答案，但无法判断答案中内容的可信度，由此而导致的错误答案一经应用，就有可能对社会产生危害，包括引发偏见，传播与事实不符、冒犯性或存在伦理风险的信息等。而如果有人恶意给

ChatGPT 投喂一些误导性、错误性的信息，将会干扰 ChatGPT 的知识生成结果，从而提高了误导的概率。

如果没有进行足够的语料"喂食"，ChatGPT 可能无法生成适当的回答，甚至会出现胡编乱造的情况。如生命科学领域，对信息的准确、逻辑的严谨都有更高的要求。因此，如果想在生命科学领域用到 ChatGPT，还需要模型有针对性地处理更多的科学内容，公开数据源，并且投入人力训练与运维，这样才能让产出的内容不仅通顺，而且正确。

同时，ChatGPT 难以进行高级逻辑处理。在完成"多准快全"的基本资料梳理和内容整合后，ChatGPT 尚不能进一步做综合判断、逻辑完善等，这恰恰是人类高级智慧的体现。国际机器学习会议 ICML 认为，ChatGPT 等这类语言模型虽然代表了一种发展趋势，但随之而来的是一些意想不到的后果及难以解决的问题。ICML 表示，ChatGPT 接受公共数据的训练，这些数据通常是在未经同意的情况下收集的，出了问题难以找到负责的对象。

而这个问题正是人工智能面临的客观现实问题，即有效、高质量的知识获取。相对而言，高质量的知识类数据通常都有明确的知识产权，如属于作者、出版机构、媒体、科研院所等。要获得这些高质量的知识数据，就面临支付知识产权费用的问题，这也是当前摆在 ChatGPT 面前的客观现实问题。

然而，在面对之前不够智能的人工智能应用之后，人们似乎将智能的标准降得比较低。如果某样东西看起来很聪明，我们就很容易自欺欺人地认为它是聪明的。无疑，ChatGPT 和 GPT-3 在这方面是一个巨大的飞跃，但它们仍然是人类制造出来的工具，依然面临着一些困难与问题。

6.1.2 算法正义的难题

除准确性的问题外，ChatGPT 还面临着人工智能的传统弊病，那就是"算法黑箱"。ChatGPT 是基于深度学习技术而训练的产物，目前大部分表现优异的应用都用到了深度学习。与传统机器学习不同，深度学习并不遵循数据输入、特征提取、特征选择、逻辑推理、预测的过程，而是由计算机直接从事物原始特征出发，自动学习和生成高级的认知结果。

在人工智能深度学习输入的数据和其输出的答案之间，存在着人们无法洞悉的"隐层"，它被称为"黑箱"。这里的"黑箱"并不只意味着不能观察，还意味着即使计算机试图向我们解释，人们也无法理解。事实上，早在 1962 年，美国的埃鲁尔就在其《技术社会》一书中指出，人们传统上认为的"技术由人所发明就必然能够为人所控制"这一观点是肤浅的、不切实际的。技术的发展通常会脱离人类的控制，即使是技术人员和科学家，也不能够控制其所发明的技术。

进入人工智能时代，算法的飞速发展和自我进化已初步验证了埃鲁尔的预言，深度学习更是凸显了"算法黑箱"现象带来的某种技术屏障。以至于无论是程序错误，还是算法歧视，在人工智能的深度学习中，都变得难以识别。

当前，越来越多的事例表明，算法歧视与算法偏见客观存在，这将使得社会结构固化趋势愈加明显。早在 20 世纪 80 年代，伦敦圣乔治医学院用计算机浏览招生简历，初步筛选申请人。然而在运行四年后却发现这一程序会忽略申请人的学术成绩而直接拒绝女性申请人及没有欧洲名字的申请人，这是算法中出现性别、种族偏见的最早案例。

今天，类似的案例仍不断出现。算法自动化决策还会让不少人与心仪的工作失之交臂，难以企及一些机会。由于算法自动化决策既不会公开，也不接受质询，既不提供解释，也不予以补救，其决策原因相对无从知晓，更遑论"改正"。面对不透明的、未经调节的、极富争议的甚至错误的自动化决策算法，我们将无法回避"算法歧视"导致的偏见与不公。

这种带着立场的"算法歧视"在 ChatGPT 身上也得到了体现。据媒体观察，美国网民用 ChatGPT 测试了大量的有关于立场的问题，发现其有明显的政治立场，即其本质上被人所控制。比如，ChatGPT 无法回答关于犹太人的话题。此外，有用户要求 ChatGPT 写诗赞颂美国前总统特朗普，被 ChatGPT 以政治中立性为由拒绝，但当该名用户要求 ChatGPT 写诗赞颂美国现任总统拜登时，ChatGPT 却毫不迟疑地写出一首诗。

如今，不管是贷款额度确定、招聘筛选，还是政策制定等，诸多领域和场景中都不乏算法自动化决策。而未来，随着 ChatGPT 进一步深入社会的生产与生活，我们的工作表现、发展潜力、偿债能力、需求偏好、健康状况等特征都有可能被卷入算法的"黑箱"。算法对每一个对象的相关行动代价与报偿进行精准评估的结果，都将使某些对象因此失去获得新资源的机会。这似乎可以减少决策者自身的风险，但却可能意味着对被评估对象的不公。

面对日新月异的新技术挑战，特别是人工智能的发展，我们能做的就是把算法纳入法律之治的涵摄，从而打造一个更加和谐的人工智能时代。

而社会民主与技术民主两者之间正在面临着挑战，如何定义技术民主将会是社会民主的重要议题。

6.2　从算力之困到能耗之伤

ChatGPT 的成功也是大模型工程路线的成功，但随之而来的是模型推理带来的巨大算力和能耗成本，ChatGPT 想要走向未来，经济性已经成为亟待解决的现实问题。

6.2.1　ChatGPT 算力之困

人类数字化文明的发展离不开算力的进步。

在原始人类有了思考后，才产生了最初的计算。从部落社会的结绳计算到农业社会的算盘计算，再到工业时代的计算机计算。

计算机的发展经历了从 20 世纪 20 年代的继电器式计算机，到 40 年代的电子管计算机，再到 60 年代的二极管、三极管、晶体管计算机，其中，晶体管计算机的计算速度可以达到每秒几十万次。集成电路的出现，使计算速度实现了从 20 世纪 80 年代的几百万次、几千万次，到现在的几十亿次、几百亿次、几千亿次。

人体生物研究显示，人的大脑有六张脑皮，其中的神经联系形成了一个几何级数，人脑的神经突触是每秒跳动 200 次，而大脑神经跳动每秒达到 14 亿亿次，这也让 14 亿亿次成为计算机、人工智能超过人脑的拐点。可见，人类智慧的进步与人类创造的计算工具的速度相关。从这个意义来讲，算力是人类智慧的核心。而 ChatGPT 如此"聪明"，离不开算力的支持。

作为人工智能的三要素之一，算力构筑了人工智能的底层逻辑，支撑着算法和数据，算力水平决定着数据处理能力的强弱。在 AI 模型训练和推理运算过程中需要强大的算力支撑。并且，随着训练强度和运算复杂程度的增加，算力精度的要求也在逐渐提高。毫无疑问，ChatGPT 代表了新一轮算力需求的爆发，也对现有算力提出了挑战。

根据 OpenAI 披露的相关数据，在算力方面，GPT-3.5 在微软 Azure AI 超算基础设施（由 V100 GPU 组成的高带宽集群）上进行训练，总算力消耗约 3640PF-days，也就是说，假如每秒计算一千万亿次，计算 3640 天，需要 7～8 个投资规模约 30 亿元、算力为 500P 的数据中心才能支撑运行。

庞大的算力需求导致产生了庞大的运算成本，根据国盛证券估算，以英伟达 DGX A100 为基础，需要 3798 台服务器，对应 542 个机柜。为满足 ChatGPT 当前千万级用户的咨询量，初始算力投入成本约 7.59 亿美元。

算力问题，本质上反映的其实是经典计算在人工智能加速发展上遇到的阻碍，尤其是算力瓶颈。一方面，在芯片制作工艺越来越接近物理极限的情况下，经典算力的提升变得越来越困难；另一方面，由于可持续发展和降低能耗的要求，使得通过增加数据中心的数量来解决经典算力不足问题的举措也不现实。因此，提高算力的同时又能降低能耗是亟待解决的关键问题。在这样的背景下，量子计算成为大幅提高算力的重要突破口。

作为未来算力跨越式发展的重要探索方向，量子计算具备在原理上远超经典计算的强大并行计算潜力。经典计算机以比特（bit）作为存储的信息单位，比特使用二进制，一个比特表示的不是"0"就是

"1"。但是，量子计算机的情况变得完全不同，量子计算机以量子比特（qubit）为信息单位，量子比特可以表示"0"，也可以表示"1"。并且，由于叠加这一特性，量子比特在叠加状态下还可以是非二进制的，该状态在处理过程中相互作用，即做到"既1又0"，这意味着，量子计算机可以叠加所有可能的"0"和"1"组合，让"1"和"0"的状态同时存在。正是这种特性使得量子计算机在某些应用中，理论上可以是经典计算机的能力的好几倍。

可以说，量子计算机最大的特点就是速度快。以质因数分解为例，每个合数都可以写成几个质数相乘的形式，其中每个质数都是这个合数的因数，把一个合数用质因数相乘的形式表示出来，叫作分解质因数。比如，6 可以分解为 2 和 3 两个质数；但如果数字很大，质因数分解就成了一个复杂的数学问题。1994 年，为了分解一个 129 位的大数，研究人员同时动用了 1600 台高端计算机，花了 8 个月的时间才分解成功；但使用量子计算机，只需 1 秒钟就可以破解。

一旦量子计算与人工智能结合，将产生独一无二的价值。从可用性看，如果量子计算可以真正参与到人工智能领域，不仅将提供更强大的算力，超越现今费时费力建造的 ChatGPT 模型，而且能有效降低能耗，极大推动可持续发展。

6.2.2 ChatGPT 能耗之伤

随着 AI 算力的逐步提升，能耗成本也在逐渐增加。

计算的本质就是把数据从无序变成有序的过程，而这个过程则需要一定能量的输入。仅从量的方面看，根据不完全统计，2020 年全球发电量中，有 5%左右用于计算能力消耗，而这一数字到 2030 年有可能提高到 15%至 25%，也就是说，计算产业的用电量占比将与工业等耗能大户相提并论。2020 年，中国数据中心耗电量突破 2000 亿千瓦时，是三峡大坝和葛洲坝水电站发电量总和（约 1000 亿千瓦时）的 2 倍。实际上，对于计算产业来说，电力成本是除芯片成本外的核心成本。

如果这些消耗的电力不是由可再生能源产生的，那么就会产生碳排放。这就是机器学习模型会产生碳排放的原因，ChatGPT 也不例外。

有数据显示，训练 GPT-3 消耗了 1287 兆瓦时的电，相当于排放了 552 吨碳。对此，可持续数据研究者卡斯帕·路德维格森分析道："GPT-3 的大量排放可以部分解释为它是在较旧、效率较低的硬件上进行训练的，但因为没有衡量二氧化碳排放量的标准化方法，这些数字是基于估计的。另外，这部分碳排放值中具体有多少应该分配给训练 ChatGPT，标准是比较模糊的。需要注意的是，由于强化学习本身还需要额外消耗电力，所以 ChatGPT 在模型训练阶段所产生的碳排放值应该大于这个数值。"仅以 552 吨碳排放量计算，这相当于 126 个丹麦家庭每年消耗的能量。

在运行阶段，虽然人们在操作 ChatGPT 时的动作耗电量很小，但累计之下，其可能成为第二大碳排放来源。

Databoxer 联合创始人克里斯·波顿解释了一种计算方法："首先，我们估计每个响应词在 A100 GPU 上需要 0.35 秒，假设有 100 万名用户，每名用户有 10 个问题，产生了 1000 万个响应和每天 3 亿个单词，每个单词用时 0.35 秒，可以计算得出每天的 A100 GPU 运行了 29167

小时。"Cloud Carbon Footprint 列出了 Azure 数据中心中 A100 GPU 的最低功耗 46 瓦和最高功耗 407 瓦，由于很可能没有多少 ChatGPT 处理器处于闲置状态，以该范围的顶端消耗计算，每天的电力能耗将达到 11870 千瓦时。克里斯·波顿表示："美国西部的排放因子为 0.000322167 吨/千瓦时，所以每天的二氧化碳当量为 3.82 吨，与 93 个美国人每天的二氧化碳当量相等。"

虽然"虚拟"的属性让人们容易忽视数字产品的碳账本，但事实上，互联网无疑是地球上最大的煤炭动力机器之一。人工智能与环境成本的关系颇为关切，伯克利大学关于功耗和人工智能的主题研究认为，人工智能几乎吞噬了能源。

比如，谷歌的预训练语言模型 T5 使用了 86 兆瓦的电力，产生了 47 吨的二氧化碳排放量；谷歌的多轮开放领域聊天机器人 Meena 使用了 232 兆瓦的电力，产生了 96 吨的二氧化碳排放；谷歌开发的语言翻译框架 GShard 使用了 24 兆瓦的电力，产生了 4.3 吨的二氧化碳排放；谷歌开发的路由算法 Switch Transformer 使用了 179 兆瓦的电力，产生了 59 吨的二氧化碳排放。

深度学习中使用的计算能力在 2012 年至 2018 年间增长了 30 万倍，这让 GPT-3 看起来成了对气候影响最大的一个。然而，当它与人脑同时工作，人脑的能耗仅为它的 0.002%。

ChatGPT 向前狂奔，必然将人类带向一个"高能量的世界"，如何回应巨大的算力需求和能耗需求，则成为一个当前难解的现实问题。

6.3 ChatGPT 深陷版权争议

AIGC 成为时下热门。不管是生成的绘画作品，还是生成的文字作品，都让人们惊叹当前人工智能的强大与流行。

不过，以 Midjourney 和 ChatGPT 为代表的 AI 虽然能够进行"创造"，但免不了要站在"创造者"的肩膀上，由此也引发了许多版权相关问题，且无理可依。

6.3.1 AIGC 工具普及加速

AIGC 工具正在飞速发展。越来越多的计算机软件、产品设计图、分析报告、音乐歌曲由人工智能产出，且其内容、形式、质量与人类创作趋同，甚至在准确性、时效性、艺术造诣等方面超越了人类创作的作品。人们只需要输入关键词就可在几秒钟或者几分钟后获得一份AIGC 的作品。

AI 写作方面，早在 2011 年，美国一家专注自然语言处理的公司——Narrative Science 开发的 Quill 平台就可以像人一样从学习写作，到自动生成投资组合的点评报告；2014 年，美联社宣布采用 AI 程序WordSmith 进行公司财报类新闻的写作，每个季度产出超过 4000 篇财报新闻，且能够快速地把文字新闻向广播新闻自动转换；2016 年里约奥运会上，《华盛顿邮报》使用 AI 程序 Heliograf，对数十个体育项目进行全程动态跟踪报道，而且迅速分发到各个社交平台，包括图文和视频。

近年来，写作机器人对行业的渗透更是如火如荼，如腾讯 Dreamwriter、百度 Writing-bots、微软"小冰"、阿里 AI 智能文案，包括今日头条、搜狗等旗下的 AI 写作程序，都能够跟随热点变化快速搜集、分析、聚合、分发内容，越来越广泛地应用到商业领域的方方面面。

ChatGPT 更是把 AI 创作推向一个新的高潮。ChatGPT 作为 OpenAI 公司推出 GPT-3 后的一个新自然语言模型，拥有比 GPT-3 更强悍的能力和写作水平。ChatGPT 不仅能聊天、搜索、翻译，还能撰写诗词、论文和代码，甚至开发小游戏等。

《华尔街日报》的专栏作家使用 ChatGPT 撰写了一篇能拿及格分数的 AP（美国大学先修课程）英语论文，而《福布斯》记者则利用它在 20 分钟内完成了两篇大学论文。亚利桑那州立大学教授 Dan Gillmor 在接受《卫报》采访时说，他给 ChatGPT 布置了一道给学生的作业，结果发现其生成的论文也可以获得好成绩。

AI 作画是 AIGC 的另一个热门方向。比如，创作平台 Midjourney 生成了《太空歌剧院》这幅令人惊叹的画作（见图 6-1）。这幅 AI 创作的画作在美国科罗拉多州艺术博览会的数字艺术类别比赛中一举夺得冠军。而 Midjourney 还只是 AI 作画市场中的一员，除 NovelAI、Stable Diffusion 也在不断占领市场外，科技公司纷纷入局 AI 作画，如微软的 NUWA-Infinity、Meta 的 Make-A-Scene、谷歌的 Imagen 和 Parti、百度的"文心•一格"等。

图 6-1 创作平台 Midjourney 生成的 AI 画作——《太空歌剧院》

2022 年 10 月 26 日，AI 文生图工具 Stable Diffusion 的幕后开发公司 Stability AI 宣布获得 1.01 亿美元的超额融资，在此轮融资后，Stability AI 的市场估值已达 10 亿美元。2022 年 11 月 9 日，百度 CEO 李彦宏在 2022 联想创新科技大会上表示，AI 作画可能会像手机拍照一样简单。此外，盗梦师、意间 AI 绘画等多款具有 AI 作图功能的微信小程序出现，让互联网随处可见 AI 的绘画作品。其中，意间 AI 绘画的小程序更是在上线以来不到两个月的时间里，增长了 117 万名用户。

无疑，AIGC 工具的流行，把人工智能的应用推向了一个新的高潮。李彦宏在 2022 世界人工智能大会上表示：人工智能自动生成内容，将颠覆现有的内容生产模式，可以实现"以十分之一的成本，以百倍千倍的生产速度"，创造出有独特价值和独立视角的内容。

6.3.2　谁创造了作品

不可否认，AIGC 给我们带来了极大的想象空间。短短几个月的时间，AI 作画已从人们较为陌生的 Midjourney 变身为抖音、小红书等主流媒体平台的大众应用。与此同时，AIGC 还发展至音乐、文学、设计等更利于大众操作的许多领域。但随之而来的一个严峻挑战，就是 AI 内容生成的版权问题。

由于初创公司 Stability AI 能够根据文本生成图像，很快，这样的程序就被网友用来生成色情图片。针对这一事件，三位艺术家通过 Joseph Saveri 律师事务所和律师兼设计师 / 程序员 Matthew Butterick 发起了集体诉讼。Matthew Butterick 还对微软、GitHub 和 OpenAI 提起了类似的诉讼，诉讼涉及生成式人工智能编程模型 Copilot。

艺术家们声称，Stability AI 和 Midjourney 在未经许可的情况下利用互联网复制了数十亿件作品，其中包括他们的作品，然后这些作品被用来制作"衍生作品"。在一篇博客文章中，Matthew Butterick 将 Stability AI 描述为"一种寄生虫"，"如果任其扩散，将对现在和将来的艺术家造成不可挽回的伤害"。

究其原因，还是在于 AIGC 系统的训练方式与大多数学习软件一样，通过识别和处理数据来生成代码、文本、音乐和艺术作品——AI 创作的内容是对巨量数据库内容的学习并进化生成的，这是其底层逻辑。

其中，基于深度卷积生成对抗网络的一种 AI 创作方式，可以学习人类感知图像质量和审美的因素，大量的数据库又不断推动图像美学质量评价模型的机器学习。《埃德蒙·贝拉米肖像》就是学习了 1.5 万张 14—20 世纪的人像艺术作品后，借助 GAN（生成式对抗网络）创作而成的。除了 GAN，另一种则是多模态模型，允许通过文本输入进行创作。在以 Stable Diffusion 模型为基础的 AI 画作生成网站 6pen 中，输入关键词，选择是否导入相关参考图，然后挑选想要的画面风格便可获得一张不归属于任何个人和公司的作品。

而我们今天大部分的处理数据都是直接从网络上采集而来的原创艺术作品，本应受到版权保护。说到底，如今，AI 虽然能够进行"创造"，但免不了要站在"创造者"的肩膀上，这就导致 AIGC 遭遇了尴尬处境：到底是人类创造了作品，还是人类生成的机器创造了作品？

这也是为什么 Stability AI 在 2022 年 10 月拿到过亿美元融资，成为 AIGC 领域新晋独角兽公司的同时，AI 行业版权纷争从未停止的原因。普通参赛者抗议利用 AI 作画参赛拿冠军；多位艺术家及大量艺术创作者，强烈地表达对 Stable Diffusion 采集他们的原创作品的不满；AIGC 的画作的售卖行为，把 AIGC 作品版权的合法性和道德问题推到了风口浪尖。

ChatGPT 也陷入了几乎相同的版权争议中，因为 ChatGPT 是在大量不同的数据集上训练出来的大语言模型，使用受版权保护的材料来训练人工智能模型，可能导致模型在向用户提供回复时过度借鉴他人的作品。换言之，这些看似属于计算机或人工智能创作的内容，根本上还是人类智慧产生的结果，计算机或人工智能不过是在依据人类事先设定的程序、内容或算法进行计算和输出而已。

此外，还有一个救赎数据合法性的问题。训练像 ChatGPT 这样的大语言模型需要海量自然语言数据，其训练数据的来源主要是互联网，但开发商 OpenAI 并没有对数据来源做详细说明，那么数据的合法性就成了一个问题。欧洲数据保护委员会（EDPB）成员 Alexander Hanff 质疑，ChatGPT 是一种商业产品，虽然互联网上存在许多可以被访问的信息，但从具有禁止第三方爬取数据条款的网站收集海量数据可能违反相关规定，不属于合理使用。还要考虑受《通用数据保护条例》等保护的个人信息，爬取这些信息并不合规，而且使用海量原始数据可能违反《通用数据保护条例》的"最小数据"原则。

6.3.3　版权争议如何解

显然，人工智能生成物给现行版权的相关制度带来了巨大的冲击，但这样的问题，如今无理可依。摆在公众目前的一个现实问题就是关于 AI 在训练时的来源数据版权，以及训练之后所产生的新的数据成果的版权问题，这两者都是当前迫切需要解决的法理问题。

此前，美国法律、美国商标局和美国版权局的裁决已经明确表示，由 AI 生成或 AI 辅助生成的作品，必须有一个"人"作为创作者，版权无法归机器人所有。如果一个作品中没有人类意志参与其中，作品是无法得到认定和版权保护的。

法国的《知识产权法典》则将作品定义为"用心灵（精神）创作的作品（oeuvre de l'esprit）"，由于现在的科技尚未发展至强人工智能时代，人工智能尚难以具备"心灵"或"精神"，因此其难以成为法国法律系下的作品权利人。

在我国，《中华人民共和国著作权法》第二条规定，中国公民、法人或者非法人组织和符合条件的外国人、无国籍人的作品享有著作权。也就是说，现行法律框架下，人工智能等"非人类作者"还难以成为著作权的主体或权利人。

不过，关于人类对人工智能的创造"贡献"有多少，存在很多灰色地带，这使版权登记变得复杂。如果一个人拥有算法的版权，不意味着他拥有算法产生的所有作品的版权。反之，如果有人使用了有版权的算法，但可以通过证据证明自己参与了创作过程，依然可能受到版权法的保护。

虽然就目前而言，人工智能还不受版权法的保护，但对人工智能生成物进行著作权保护却具有必要性。人工智能生成物与人类作品非常相似，但不受著作权法律法规的制约，制度的特点使其成为人类作品仿冒和抄袭的重灾区。如果不给予人工智能生成物著作权保护，让人们随意使用，势必会降低人工智能投资者和开发者的积极性，对新作品的创作和人工智能产业的发展产生负面影响。

事实上，从语言的本质层面来看，我们今天的语言表达和写作使用的都是人类词库里的词，然后按照人类社会所建立的语言规则，也就是在所谓的语法框架下进行语言表达。人类的语言表达一来没有超越词库；二来没有超越语法。这就意味着人类的写作与语言使用一直在"剽窃"。但是人类社会为了构建文化交流与沟通的方式，对词库放弃了特定产权，使其成为公共知识。

同样地，如果一种文字与语法规则不能成为公共知识，这类语言与语法就失去了意义——因为没有使用价值。而人工智能与人类共同使用人类社会的词库与语法、知识与文化，才是正常的使用行为，才能更好地服务于人类社会。只是我们需要给人工智能制定规则，也就是关于知识产权的鉴定规则：在哪种规则下使用是合理行为。同样，人工智能在人类知识产权规则下所创作的作品，也应当受到人类所设定的知识产权规则的保护。

因此，保护人工智能生成物的著作权，防止其被随意复制和传播，才能够促进人工智能技术的不断更新和进步，从而产生更多更好的人工智能生成物，实现整个人工智能产业链的良性循环。

不仅如此，在传统创作中，创作主体人类往往被认为是权威的代言者，是灵感的所有者。事实上，正是因为人类激进的创造力、非理性的原创性，甚至是毫无逻辑的慵懒，而非顽固的逻辑，才使得到目前为止，机器仍然难以模仿人的这些特质，创造性生产仍然是人类的专属。

今天，随着人工智能创造性生产的出现与发展，创作主体的属人特性被冲击。即便是模仿式创造，人工智能对艺术作品形式风格的可模仿能力的出现，都使创作者这一角色不再是人的专属。

人工智能时代，法律的滞后性日益突出，各种各样的问题层出不穷，显然，用一种法律是无法完全解决这些问题的。社会是流动的，但法律并不总能反映社会的变化，因此，法律的滞后性就显现出来了。如何保护人工智能生成物成为一个亟待解决的问题，而如何在人工智能的创作潮流中保持人的独创性也成为今天人类不可回避的现实。可以说，在时间的推动下，AIGC 将越来越成熟。而对于人类而言，或许我们要准备的事情还有太多太多。

6.4 ChatGPT"换人"进行时

从人工智能诞生至今，人工智能取代人类的可能就被反复讨论。显然，人工智能能够深刻改变人类生产和生活方式，推动社会生产力的整体跃升，同时，人工智能的广泛应用为就业市场带来的影响引发了社会高度关注。ChatGPT 横空出世两个多月后，这一忧虑被进一步放大。

这种担忧不无道理——人工智能的突破意味着各种工作岗位岌岌可危，技术性失业的威胁迫在眉睫。联合国贸易和发展会议（UNCTAD）官网刊登的文章《人工智能聊天机器人 ChatGPT 如何影响工作就业》称："与大多数影响工作场所的技术革命一样，聊天机器人有可能带来赢家和输家，并将影响蓝领和白领工人。"

6.4.1 谁会被 ChatGPT 取代

当前，人工智能已成为未来科技革命和产业变革的新引擎，并带动和促进传统产业的转型升级。不管是金融教育、司法医疗还是零售服务，都有人工智能的应用和参与。而从技术的角度来看，受益于算力的发展，机器学习和算法的开发和改进，人工智能关键技术的进一步突破几乎是绝对的。实际上，ChatGPT 的成功就是人工智能大模型突破的结果。可以说，"机器换人"不仅是"进行时"，更是"将来时"，而这直接冲击着劳动力市场，带来了新一波的就业焦虑。

自第一次工业革命以来，从机械织布机到内燃机，再到第一台计算机，新技术的出现总是引起人们对于被机器取代的担忧。1820 年至

1913 年发生的两次工业革命其间，雇用于农业部门的美国劳动力份额从 70%下降到 27.5%，目前不到 2%。

许多发展中国家也经历着类似的变化，甚至更快的结构转型。根据国际劳工组织的数据，中国的农业就业比例从 1970 年的 80.8%下降到 2015 年的 28.3%。

面对第四次工业革命中人工智能技术的兴起，美国研究机构于 2016 年 12 月发表的报告称，未来 10 到 20 年，因人工智能技术而被替代的就业岗位数量将由目前的 9%上升到 47%。麦肯锡全球研究院的报告则显示，预计到 2055 年，自动化和人工智能将取代全球 49% 的有薪工作，印度和中国受影响可能会最大。麦肯锡全球研究院预测，中国具备自动化潜力的工作内容达 51%，这将对相当于 3.94 亿全职人力工时产生冲击。

从人工智能替代就业的具体内容来看，不仅绝大部分的标准化、程序化劳动可以通过机器人完成，在人工智能技术领域甚至连非标准化劳动都将受到冲击。

正如马克思所言："劳动资料一作为机器出现，就立刻成了工人本身的竞争者。"牛津大学教授 Carl Benedikt Frey 和 Michael A.Osborne 在两人合写的文章中预测，未来二十年，约 47%的美国就业人员对自动化技术的"抵抗力"偏弱。

也就是说，白领工人同样会受到与蓝领工人相似的冲击。媒体网站 Insider 编制了一份最有可能被人工智能技术取代的工作类型清单，一共包含了十类工种：

一、技术工作，如程序员、软件工程师、数据分析师。ChatGPT等先进技术可以比人类更快地生成代码，这意味着未来可以用更少的员工完成一项工作。要知道，许多代码具备复制性和通用性，这些可复制、可通用的代码都能由 ChatGPT 生成。OpenAI 等科技公司已经在考虑用人工智能取代软件工程师工作。

二、媒体工作，如广告、内容创作、技术写作、新闻从业者。所有媒体工作——包括广告、技术写作、新闻等内容创作——都可能受到 ChatGPT 和类似形式的人工智能的影响。究其原因，ChatGPT 可以很好地读取、写入和理解基于文本的数据。当前，媒体行业已经在试验人工智能生成内容。科技新闻网站 CNET 已使用 AI 工具编写了数十篇文章，数字媒体巨头 BuzzFeed 宣布将使用 ChatGPT 生成更多的新内容。尤其对于一些新闻资讯类的信息改编，ChatGPT 具有独特的优势，不仅改编能力强，而且生成速度快。

三、法律工作，如法律助理或律师助理。与媒体行业从业者一样，律师助理和法律助理等法律行业工作者需要综合所学内容，消化大量信息，然后通过撰写法律摘要或意见使内容易于理解。这些数据本质上是非常结构化的，这也正是 ChatGPT 的擅长所在。从技术层面来看，只要我们给 ChatGPT 开发足够的法律资料库，以及过往的诉讼案例，ChatGPT 就能在非常短的时间内掌握这些知识，并且其专业度可以超越法律领域的专业人士。

四、市场研究分析。市场研究分析师负责收集数据、识别和确定数据趋势，然后根据他们的研究分析来设计有效的商业战略，包括营销活动或决定在何处放置广告。而人工智能也擅长分析数据和预测结果，并且能够更高效地做好这些研究分析，这使得市场研究分析师岗位非常容易受到 AI 技术的影响。尤其是对于互联网广告的分析，人工智能可以实时跟踪广告，以及收集当商品呈现在消费者面前时，消费者的一些表现，包括停留的时间长短、相关的点击情况。这些更为聚焦的分析是大部分市场研究分析师无法做到的，也是咨询公司难以达到的精细化结果。

五、教师职业。ChatGPT 是基于庞大知识库训练的结果，当我们给 ChatGPT 提供足够优秀的教学方法进行训练之后，AI 就能根据我们所提供的优质教学样本进行整合，并输出更为优秀的教学方式与内容结构。这一方面可以极大地缩短由于教师之间经验与培训的差异所造成的教师水平的差异；另一方面能促进教育的平等，尤其是知识性授课内容方面，完全可以由 AI 取代而实现在线教学。因此，对于知识性的内容来说，ChatGPT 教学或许将比教师做得更好。

六、财务职位，如财务分析师、个人财务顾问。会计师、审计师、市场研究分析师、金融分析师、个人财务顾问等需要处理大量数字数据的工作将受到 AI 的影响。尤其是在规范化的财务制度环境中，基于企业的各项经营、往来、收支等方面的财务数据，AI 能实时生成财务报表，并且失误率比财务人员更低。同样，对于审计工作而言，AI 可以通过对各种审计数据的阅读，以及审计的规则，对财务报表进行审计，并得出相应的审计报告。

七、金融交易。无论对于金融行业的分析师，还是对于从事金融行业的投资顾问，或是对于金融行业的交易人员而言，AI 能更加实时全面获取数据，并且给出基于数据的精准判断。人工智能可以识别市场趋势，突出投资组合中哪些投资表现更好，哪些投资表现更差，并进行交流，然后使用各种形式的数据来预测更好的投资组合。对于金融交易而言，只要网速之间不存在传输差异，基于 AI 的"交易员"将更快速、更准确地执行交易指令。

八、平面设计。Dall-E 是一种图像生成器，可以在几秒钟内生成图像，是平面设计行业的"潜在颠覆者"。比如，具有一定创意性的广告设计正在被 AIGC 所影响。2015 年底，阿里巴巴的淘宝设计事业部联合淘宝技术部、搜索推荐算法团队、iDST（数据科学与技术研究院）共同成立"鲁班"项目，希望以 AI 机器人代替设计师进行海报制作。2016 年、2017 年的"双十一"，"鲁班"分别制作了 1.7 亿、4 亿张海报，其设计系统还拥有一键生成、智能创作、智能排版、设计拓展四种智能设计能力。阿里巴巴官方预测，使用"鲁班"人工智能设计系统，将大大降低商家和企业的设计成本，预计每张设计图的价格为人工设计费用的 10%。"鲁班"已经达到了每秒做 8000 张海报，一天可以做 4000 万张海报的设计能力。此外，该系统还开发了商品的小视频宣传生成技术。而这些借助于人工智能技术所延伸的工具，正在替代一些设计师的职业。

九、科研工作。对于任何领域的科研，我们通常以前人的研究基础为依据，然后构建新的研究方向。但是我们阅读与了解相关的科研内容有着一定的局限性，很难像人工智能一样阅读庞大资料。而 ChatGPT 就能基于我们想要了解与研究的方向，只要我们能够开发足够的数据库，它就能用非常短的时间阅读完我们所提供的所有数据库信息，并且能够结合这些过往研究给出一些新的研究方案。而更重要的是人工智能不仅能够给出研究方案，还可以进行自我推演。

比如，总部位于英国的人工智能公司"深层思维"在 2022 年 8 月时宣布，该公司开发的人工智能程序"阿尔法折叠"已预测出约 100 万个物种的超过 2 亿种蛋白质的结构，涵盖科学界已编录的几乎每一种蛋白质。而几十年来，根据氨基酸序列确定蛋白质 3D 结构一直是生物学领域的一大难题。基因与蛋白质之间好像存在着一一对应的关系，但是这个对应关系到底是什么？人类科学家一直没有寻找到答案，或者说无法对这些庞大的基因与蛋白质进行计算并找到相应的关系。直到"阿尔法折叠"这项 AI 技术出现之前，科学界仍没能找到公式去描述该折叠过程。

面对这样的问题，人工智能就可以发挥作用。尽管目前已经获得的蛋白质结构只有 18 万个左右，但"阿尔法折叠"通过这 18 万个结构的一一对应的关系，最终在神经网络里学习到转换的规律，能够准确预测三维结构。同时，人工智能在生物医药领域的应用，可极大地提高新药研发的效率。这就是人工智能对科研的影响，不仅仅是在生物医药领域。

十、客户服务。几乎每个人都有过给公司客服打电话或聊天，然后被机器人接听的经历。而 ChatGPT 和相关技术可能会延续这一趋势，ChatGPT 或许会大规模取代人工在线客服。如果一家公司，原来需要 100 个人工在线客服，以后可能只需要 2～3 个 AI 在线客服就够了。90%以上的问题都可以交给 ChatGPT 去回答，因为后台可以给 ChatGPT 投喂行业内所有的客服数据，包括售后服务与客户投诉的处理情况，根据企业过往所处理的经验，它会向客户回答它所知道的一切。科技研究公司 Gartner 一项 2022 年的研究预测，到 2027 年，聊天机器人将成为约 25%的公司的主要客户服务工具。

可见，以 ChatGPT 为代表的人工智能对于人类社会的就业冲击远比我们想象的广泛。当然，在会计、金融、教育、医疗等各个行业，人工智能并不是完全替代某些工种，而是改变过去人们的工作模式，由人类负责对技能性、创造性、灵活性要求比较高的部分，机器人则利用其在速度、准确性、持续性等方面的优势来负责重复性的工作。

显然，尽管白领工人岗位受到冲击并不等同于完全被代替，但人工智能的加入势必会减少劳动力就业机会，以至于劳动力市场对自动化技术的"抵抗力"偏弱。

与此同时，面对人工智能的勃兴，高端研发等少数前沿创新领域，仍然延续对高技能劳动力的就业选择偏好。这就导致在高技能与中低技能劳动力就业中出现明显的极化趋势：对高技能劳动力，尤其是创造力与创新力领域的就业需求将显著提升；加剧了通用生产领域中低技能劳动力的去技能化趋势。

根据 MIT 的研究，研究人员利用美国 1990—2007 年劳动力的市场数据分析了机器人或者自动化设备的使用对就业和工作的影响。结果发现，在美国劳动力市场上，机器人使用占全部劳动力的比例，每提高 1‰就会导致就业的岗位减少 1.8‰～3.4‰。不仅如此，机器人就业还让工人的工资平均下降 2.5‰～5‰。技术性失业的威胁迫在眉睫。

6.4.2　创造未来就业

当然，对于自动化的恐慌在人类历史上并非第一次。自从现代经济增长开始，人们就周期性地遭受被机器取代的强烈担忧。几百年来，这种担忧最后总被证明是虚惊一场——尽管多年来技术进步源源不断，但总会产生新的人类工作需求，足以避免出现大量永久失业的人群。比如，过去有专门的法律工作者从事法律文件的检索工作，但自从引进能够分析检索海量法律文件的软件之后，时间成本大幅下降而需求量大增，因此法律工作者的就业情况不降反升（2000—2013 年，该职位的就业人数每年增加 1.1%）。因为法律工作者可以从事更为高级的法律分析工作，而不再是简单的检索工作。

再如，ATM 机的出现曾造成银行职员的大量下岗——1988—2004 年，美国每家银行的分支机构的职员数量平均从 20 人降至 13 人。但运营每家分支机构的成本降低，这反而让银行有足够的资金开设更多的分支机构以满足顾客需求。因此，美国城市里的银行分支机构数量在 1988—2004 年间上升了 43%，银行职员的总体数量也随之增加。

过去的历史表明，技术创新提高了工人的生产力，创造了新的产品和市场，进一步在新经济中创造了新的就业机会。那么，对于人工智能而言，历史的规律可能还会重演。从长远发展来看，人工智能正通过降低成本、带动产业规模扩张和结构升级来创造更多新的就业机会，并且可以让人类从简单的重复性劳动中释放出来，从而让人类有更多的时间体验生活，有更多的时间从事思考性、创意性的工作。

德勤公司曾通过分析英国 1871 年以来技术进步与就业的关系，发现技术进步是"创造就业的机器"。因为技术进步通过降低生产成本和价格，增加了消费者对商品的需求，从而扩张社会总需求，带动产业规模扩张和结构升级，创造更多的就业岗位。

从人工智能开辟的新就业空间来看，人工智能改变经济的第一个模式就是通过新的技术创造新的产品，实现新的功能，带动市场新的消费需求，从而直接创造一批新兴产业，并带动智能产业的线性增长。

中国电子学会研究认为，每生产一台机器人至少可以带动 4 类劳动岗位，如机器人的研发、生产、配套服务以及品质管理、销售等岗位。

当前，人工智能发展以大数据驱动为主流模式，在传统行业智能化升级过程中，伴随着大量智能化项目的落地应用，不仅需要大量的数据科学家、算法工程师等，而且由于数据处理环节仍需要大量人工操作，因此对数据清洗、数据标定、数据整合等普通数据处理人员的需求也将大幅度增加。并且，人工智能还将带动智能化产业链就业岗位线性增长。人工智能所引领的智能化大发展，必将带动各相关产业链发展，打开上下游就业市场。

此外，随着物质产品的丰富和人民生活质量的提升，人们对高质量服务和精神消费产品的需求将不断扩大，对高端个性化服务的需求逐渐上升，将会创造大量新的服务业岗位。麦肯锡认为，到 2030 年，高水平教育和医疗的发展会在全球创造 5000 万~8000 万个工作岗位。

从岗位技能看，简单的重复性劳动将更多地被替代，高质量技能型、创意型岗位被大量创造。这同时意味着，尽管人工智能正在带动产业规模扩张和结构升级来创造更多的就业，但短期内，在中低技能劳动力就业市场背景下，人工智能带来的冲击依然形势严峻。

6.4.3　回应"替换"挑战

人工智能的发展带来的不仅是一个或某几个行业的变化，而是整个经济社会生产方式、消费模式等的深刻变革，并进一步对就业产生巨大影响。

当然，基于人工智能技术发展的多层次性和阶段性，人工智能对就业的替代将是一个逐步推进的过程，而解决与协调人工智能对就业的短期与长期冲击，则是当前和未来应对"替换"的关键。

首先，应积极应对人工智能新技术应用对就业的中短期或局部挑战，需要制定针对性措施，缓冲人工智能对就业的负面影响。比如，把握人工智能带来的新一轮产业发展机遇，壮大人工智能新兴产业，借助人工智能技术在相关领域创造新的就业岗位，充分发挥人工智能对就业的积极带动作用。如何应对人工智能的社会问题，需要的是市场的创造性。只有合适的教育机制、激励机制，合适的人才，才能对冲人工智能对就业市场的巨大冲击。我国改革开放以来，涌现了千千万万的企业家，在千千万万的企业家推动了经济增长的基础上，推动了修路、建桥，然后反哺企业发展。

其次，要高度重视新技术可能对传统岗位带来的替代风险，重点关注中端岗位从业人员的转岗再就业问题。实际上，人工智能究竟消灭多少、创造多少、造出什么新工作，不是完全由技术决定的，制度也有决定性的作用。在技术快速变化的环境中，究竟有多大能力、能否灵活地帮助个人和企业创造性地开创出新的工作机会，这都是由制度决定的。

比如，失去工作的人，他的能力能否转换？如何帮助他们转换能力？这些也是制度需要考虑的问题。政府要支持建立非政府组织，为丢掉工作的人提供训练，帮助他们适应工作要求的变化。

最后，工作岗位是一回事，它们创造的收入是另一回事。从人工智能对劳动力市场的长期冲击来看，需要密切关注人工智能对不同群体收入差距的影响，解决中等收入群体就业与收入下降问题。

进入 21 世纪以来，一些发达国家劳动力市场呈现出新的极化现象：标准化、程序化程度较低的高收入和低收入职业，其就业占比都在持续增加；而标准化、程序化程度较高的中等收入职业，其就业占比反而趋于下降。这是一种与以往技术进步显著不同的就业收入效应，使中等收入群体面临着比低收入群体更尴尬的就业处境。对于这种情况，如果收入分配政策的重点仍停留在过去对高收入和低收入两个群体的关注上，不能及时对中等收入群体给予有效重视，会极易形成人工智能条件下新的低收入群体及分配不均，即中等收入群体因技术进步呈现出收入下降甚至停滞的特征。

总体来说，ChatGPT 的出现将大大加速人工智能取代人类社会大部分工作的速度，或者说让人类真正看到了一些工作被取代的可能。人工智能取代人类社会大部分的工作是科技发展的必然趋势，尤其是当万物数据化之后，数据就让信息与决策变得有规律与有迹可循。而基于数据与信息的决策本身就是人工智能的强项，正如汽车取代马车的时代来临一样，更有效率的人工智能取代人类社会的大部分工作也是技术推动的必然。

面对一个即将到来的人机协同的必然时代，在应对人工智能冲击就业方面，不仅需要重新面对劳资关系进行治理，更应该从过去"强者愈强"的工业化技术逻辑中走出来，以更开阔的视野、更多维的方法、更有效的策略提前做好充分准备来回应挑战。

6.5 ChatGPT 路向何方

ChatGPT 的到来，同时带来了技术的挑战，这种挑战让我们在面对 ChatGPT 时危险与机遇并存。那么，我们真的准备好了吗？

6.5.1 ChatGPT 善恶之辩

自古及今，从来没有哪项技术能像人工智能一样引发人类无限的畅想，而在给人们带来快捷和便利的同时，人工智能成为一个突出的国际性科学争议热题，人工智能技术的颠覆性让我们也不得不考虑其背后潜藏的风险。早在 2016 年 11 月，世界经济论坛编纂的《全球风险报告》所列出的 12 项亟须妥善治理的新兴科技中，人工智能与机器人技术名列榜首。

人工智能技术不是一项单一技术，其涵盖面极其广泛，而"智能"二字的意义几乎可以代表所有的人类活动。其中，人们最为关切的一个问题就是人工智能的善恶问题。这个问题本身并不复杂，从本质上看，作为一种技术，人工智能并没有善恶之分。

人工智能时代以 Web2.0 作为连接点，沟通着现实世界与网络虚拟世界，而许多企业却通过收集这些庞大的数据牟取私利或进行不法利用。这就是人为的技术不中立的第一步。

于是，在技术创新发展的时代，曾经的私人信息在信息拥有者不知情的情况下被收集、复制、传播和利用。这不仅使得隐私侵权现象能够在任何时间、地点的不同关系中产生，还使得企业将占据的信息资源通过数据处理转化成商业价值并再一次通过人工智能反作用于人们的意志和欲求。这是人为的技术不中立的第二步。在这个过程中，人工智能俨然成了一种承载权力的知识形态，它的创新伴随而来的是控制社会的微观权力的增长。

未来，随着 ChatGPT 的进一步发展，人工智能还将渗透到社会生活的各个领域，诸多个人、企业、公共决策背后都将有人工智能的参与。而如果我们任凭算法的设计者和使用者将一些价值观进行数据化和规则化，那么人工智能即便做出道德选择时，也会天然带着价值导向而并非中立。

说到底，ChatGPT 是人类教育与训练的结果，它的信息来源于人类社会。ChatGPT 的善恶也由人类决定。如果用通俗的方式来表达，教育与训练 ChatGPT 正如同我们教育与训练儿童一样，给予什么样的数据，就会被教育成什么类型的人。这是因为人工智能通过深度学习"学会"如何处理任务的唯一根据就是数据，因此，数据具有怎样的价值导向，有怎样的底线，就会训练出怎样的人工智能。如果在训练数据里加入伪装数据、恶意样本等破坏数据的完整性，进而导致训练的算法模型决策出现偏差，就可以"污染"人工智能系统。

有报道称，ChatGPT 在新闻领域的应用会成为造谣基地。这种看法本身带有偏见。因为任何技术本身都不存在善与恶，只是一种中性的技术。而技术所表现出来的善恶背后是人类对于这项技术的使用。如核技术的发展，被应用于能源领域就能服务人类社会，通过发电给人类社会带来光明，但如果这项技术用于战争，那对于人类来说就是毁灭与恶。

因此，ChatGPT 会造谣传谣，还是坚守讲真话，这个原则在于人。

人工智能由人创造、为人服务，这使我们的价值观变得更加重要。但ChatGPT 的出现将推动我们以更快的速度进入 Web3.0 时代，人类社会将基于数字主权的框架发展人工智能。无论我们对人工智能系统输出行为数据，还是知识数据，会因 Web3.0 数据主权时代的构建而成为可追踪、可度量的价值与行为。而这种数字主权的出现，将会更加有效地促使人类在与人工智能的协同中更加理性、文明。

6.5.2　人类的理性困境

ChatGPT 的爆发，让人工智能是否会取代人类成为社会争论的焦点。随着人工智能对人类的可替代性越来越强，一个我们不可回避的问题是，相对于人工智能，人类的特别之处是什么？我们的长远价值是什么？

显然，人类的特别之处不是机器已经超过人类的那些技能，如算术或打字，也不是理性，因为机器就是现代的理性。相反，我们可能需要考虑反方向的极端：激进的创造力、夸张的想象力、非理性的原创性，甚至是毫无逻辑的慵懒。目前，机器还很难模仿人的这些特质。事实上，机器感到困难的地方正是我们的机会。

1936 年的电影《摩登时代》，反映了机器时代人们的忧虑和受到的打击，劳动人民被"镶嵌"在巨大的齿轮之中，成为机器中的一部分，连带着社会都变得机械化。这部电影反映了工业文明建立以后，爆发的技术理性危机，把讽刺的矛头指向了这个被工业时代异化的社会。而我们现在，其实就活在了一个文明的"摩登世界"里。

各司其职的工业文明世界里，许多人都渴望成功，追求极致的效率，可是每天又必须做很多机械的、重复的、无意义的工作，从而失去自我的主体性和创造力。

社会学家韦伯提出了科层制，即让组织管理领域能像生产一件商品一样，实行专业化和分工，按照不加入情感色彩和个性的公事公办原则来运作，还能够做到"生产者与生产手段分离"，把管理者和管理手段分离开来。虽然从纯粹技术的观点来看，科层制可以获得最高程度的效益，但是，因为科层制追求的是工具理性的低成本、高效率，所以，它会忽视人性，限制个人的自由。

尽管科层制是韦伯最推崇的组织形式，但韦伯也看到了社会在从传统向现代转型的时候，理性化的作用和影响。他更是意识到了理性化的未来，那就是，人们会异化、物化，不再自由。

从消费的角度，如果消费场所想要赚更多的钱，想让消费在人们生活中占据主体地位，就必须遵守韦伯提到的理性化原则，如按照效率、可计算性、可控制性、可预测性等进行大规模的复制和扩张。

于是，整个社会目之所及皆是被符号化了的消费个体，人的消费方式和消费观随着科学技术的发展、普及和消费品的极大丰富和过剩，遭到了前所未有的颠覆。在商品的使用价值不分高低的情况下，消费者竞相追逐的焦点日益集中在商品的附加值即其符号价值，如名气、品牌等观念，并为这种符号价值所制约。在现代人理性的困境下，与其担心机器取代人类，不如将目光转移到人类的独创性上，当车道越来越宽、人行道越来越窄，我们日复一日，变得像机器一样不停不休，我们牺牲了浪漫与对生活的感知力，人类的能量式微的同时，机器人却坚硬无比，力大无穷。

所以不是机器人最终取代了人类，而是当我们终于在现代工业文明的发展下牺牲掉独属的创造性时，我们放弃了自己。苹果总裁库克在麻省理工学院毕业典礼上说，"我不担心人工智能像人类一样思考问题，我担心的是人类像计算机一样思考问题——摒弃同情心和价值观并且不计后果"。或许对未来而言，人工智能面临的最大挑战并不是技术，而是人类自己。

6.5.3　技术狂想和生存真相

当然，ChatGPT 目前只是帮助我们的生活更有效率，无法动摇整个工业信息社会的结构基础。不过，ChatGPT 的狂潮促使我们重新思考人类与机器的关系。

如果以物种的角度看，人类从敲打石器开始，就已经把"机器"纳为自身的一部分。早在原始部落时代就已经有了协助人们的机械工具，从冷兵器到热兵器作战，事实上，人们对技术的追求从未停止。

只是，在现代科学加持下的科技拥有曾经的人类想象不到的惊人力量，而在接受并适应这些惊人力量的同时，我们又变成了什么？人和机器到底哪个才是社会的主人？这些问题虽然从笛卡儿时代起就被很多思想家考虑过，但现代科技的快速更迭，却用一种更有冲击力的方式将这些问题直接抛给了我们。

难以否认，我们内心深处，在渴望控制他人的同时，也担心着被他人控制。哪怕身不由己，至少内心依然享有某种形而上的无限自由。但现代神经科学却将这种幻想无情地打碎了，我们依然是受制于自身神经结构的凡人，思维也依然受到先天的限制，就好像黑猩猩根本无法理解高等数学一样，我们的思维同样是有限并且脆弱的。

但我们不同于猿猴的是，在自我意识和抽象思维能力的共同作用下，一种被称为"理性"的独特思维方式诞生了，所以才有了人类追问的更多问题，但我们深植于内心的动物本能作为早已跟不上社会发展的自然进化产物，却能对我们的思维产生最根本的影响，甚至在学会了控制本能之后，整个神经系统的基本结构依然无法让我们全知全能。

纵观整个文明史，从泥板上的《汉谟拉比法典》到超级计算机中的人工智能，正是理性一直在尽一切努力去超越人体的束缚。因此，"生产力"和"生产关系"的冲突，也就是人最根本的异化，而最终极的异化，并非指人类越来越离不开机器，而是这个由机器运作的世界越来越适合机器本身生存。归根结底，这样一个机器的世界却又是由人类自己亲手创造的。

从某种意义上，当我们与机器的联系越来越紧密，我们把道路的记忆交给了导航，把知识的记忆交给了芯片。于是在看似不断前进的便捷高效的生活方式背后，身为人类的独特性也在机械的辅助下实现了不可逆转的"退化"。我们能够借助科技所做的事情越多，也就意味着在失去科技之后所能做的事情越少。

尽管这种威胁看似远在天边，但真正可怕的正是对这一点的忽略，人工智能的出现让我们得以完成诸多从前无法想象的工作，人类的生存状况也显然获得了改变，但当这种改变从外部转向内部，进而撼动人类在个体层面的存在方式时，留给我们思考的，就不再是如何去改变这个世界，而是如何去接纳一个逐渐机械化的世界了。

　　人类个体的机械化，其实追求的就是一个根本的目标：超越自然的束缚，规避死亡的宿命，实现人类的"下一次进化"。但与此同时，人类又在担忧着智能化与机械化对人类本身的物化。换言之，人类在担忧着植入智能化与机械将自己物化的同时，也在向往着通过融入信息流来实现自己的不朽，却在根本上忘记了物化与不朽本就是一枚硬币的两面，而生命本身的珍贵，或许正在于它的速朽。在拒绝死亡的同时，也拒绝了生命的价值；在拥抱信息化改造、实现肉体进化的同时，人类的独特性也随着生物属性被剥离。

　　人工智能已经踏上了发展的加速车，在人工智能应用越来越广的当下，我们还将面对与机器联系越发紧密的以后，而亟待进化的，将是在崭新的语境下，人类关于自身对世间万物的认知。

　　在人工智能技术的推动下，人类社会将如同经历过往的历次工业革命一样，迎来新的变革。我们将经历新一轮的产业分工，也必将迎来新的文明。而推动人类社会文明走向何方的真正推手并不是人工智能，而是人工智能背后所站着的人类，是我们自己。